原発のウソ

小出裕章
Hiroaki Koide

起きてしまった過去は変えられないが、未来は変えられる

私はかつて原子力に夢を持ち、研究に足を踏み入れた人間です。でも、原子力のことを学んでその危険性を知り、自分の考え方を180度変えました。「原発は差別の象徴だ」と思ったのです。原子力のメリットは電気を起こすこと。しかし「たかが電気」でしかありません。そんなものより、人間の命や子どもたちの未来のほうがずっと大事です。メリットよりもリスクのほうがずっと大きいのです。しかも、私たちは原子力以外にエネルギーを得る選択肢をたくさん持っています。

私が「原発は危険だ」と思った時、日本にはまだ3基の原発しかありませんでした。私は何とかこれ以上原発を造らせないようにしたい、危険性を多くの人に知ってほしい、それにはどういう方法があるんだろうかと、必死に模索してきました。しかし、すでに日本には54基もの原発が並んでしまいました。

福島原発の事故も、ずっと懸念していたことが現実になってしまいました。本当に皆さん、特に若い人たちやこれから生まれてくる子どもたちに申し訳ないと思うし、自分の非力を情けないとも思います。

けれども、絶望はしていません。私が原子力の危険に気づいた40年前、日本中のほとんどの人が原子力推進派でした。「未来のエネルギー」として、誰もが諸手を挙げて賛成し、原子力にのめりこんで行く時代でした。そんな夢のエネルギーの危険性を指摘する私は、ずっと異端の扱いを受けてきました。

その時に比べれば、だんだんと多くの人たちが私の話を聞いてくださるようになりました。「原子力は危険だ」ということに気づき始めたようです。今こそ、私たちが社会の大転換を決断できる時がきたのではないかと思っています。

起きてしまった過去は変えられませんが、未来は変えられます。

これから生まれてくる子どもたちに、安全な環境を残していきませんか。皆さんの一人ひとりが「危険な原発はいらない」という意思表示をしてくださることを願っています。

本書の上梓にあたって編集者の北村尚紀さんには、各地で行った講演やインタビューを再構成いただき、原発に関する最新情報や補足説明も追加していただきました。また、ハッピーアイランド企画の方々には、データ提供などの面でご協力いただきました。そのほか、多くの方々のご協力のおかげで本書ができたことを感謝いたします。

２０１１年5月16日

小出裕章

原発のウソ　目次

第一章　福島第一原発はこれからどうなるのか

無人航空機が撮影した福島第1原発。上から1、2、3、4号機。2号機以外は建屋が損傷しているのが分かる。原子炉建屋の向かいがタービン建屋［エアフォートサービス提供］

奇妙な「楽観ムード」が広がっている

２０１１年３月11日、マグニチュード９・０の巨大地震が発生し、東京電力福島第一原子力発電所を津波が襲いました。それ以来、私たちは歴史上ほとんど類のない原子力災害の中を生きています。

私は40年間、原発の破局的な事故がいつか必ず起きると警告してきました。その私にしても、今進行中の事態は悪夢としか思えません。

原発は機械です。機械は時に事故を起こします。そしてそれを造り動かしているのは人間です。人間は神ではありません。時に間違いを起こします。そのうえ、この世の中には人智では計ることのできない天災もあります。どんなに私たちが「事故を起こしたくない」と思っても、それが起きてしまうことはやはり覚悟しておかなければなりません。

そして問題は、原発は膨大な危険物を内包している機械であり、大きな事故が起きてしまえば破局的な被害を避けられないということです。

福島の事故は「国際原子力事象評価尺度」（ＩＮＥＳ）では最悪のレベル７と評価されました。過去にチェルノブイリ原子力発電所事故しか例のない、きわめて巨大かつ深刻な事故です。今も原子炉や使用済み燃料プールから大量の放射性物質が漏れ出ていて、いつになったら完全に解決するのか、誰も先を見通せない状態が続いています。

ところが時間がたつにつれ、事故の成り行きに楽観的な見方が広がっているようです。1、3号機の原子炉建屋が吹き飛ぶショッキングな映像が流れていた頃、多くの人が西日本や外国に逃げました。首都圏で乳児の摂取制限を超える放射性ヨウ素が検出された頃、人々はミネラルウォーターの買い占めに走りました。マスクをつけて街を歩きました。ところが、報道が少なくなったこともあるのでしょうか。「何とかなりそうじゃないか」という雰囲気が漂っています。

しかし、安心できる材料はまだ何一つありません。放射性物質は漏出し続けているし、これまで累積した汚染もきわめて深刻です。福島県飯舘村では、チェルノブイリ事故で強制移住となった地域をはるかにしのぐ汚染が確認されました。海にも信じがたいほど高濃度の汚染水が流されています。福島県内の多くの市町村が「警戒区域」「計画的避難区域」に指定され、住民たちは避難生活を余儀なくされています。楽観できる状態にはまったくなっていないのです。

原子炉は本当に冷却できているのか？

楽観ムードが広がっているのは、「汚染は進んでいるかもしれないが、原子炉は冷却できているじゃないか」という安心感があるからでしょう。

確かに原子炉や使用済み燃料プールには淡水が注入されています。消防ポンプで海水を入れるとか、あるいは自衛隊のヘリで上空から投下するとか、そういう状態だったことと比べればはるかにマシに見えるかも知れません。

ところが実態は違うのです。原子炉は今もきわめて危機的な状態にあります。それどころか、このままだとチェルノブイリを超える大事故に発展する可能性さえ十分に残しています。

そう考えざるをえない理由は、毎日大量の水を注入しているにもかかわらず、原子炉が正常に冷却できていないからです。

5月12日、東京電力は1号機の原子炉圧力容器に水がほとんどたまっておらず、高熱で燃料棒の大半が溶融してしまったことをはじめて認めました。いわゆる「メルトダウン」です。圧力容器の底に穴が開いていて、注入した水や溶けた燃料が原子炉格納容器に流れ

福島第一原発の構造

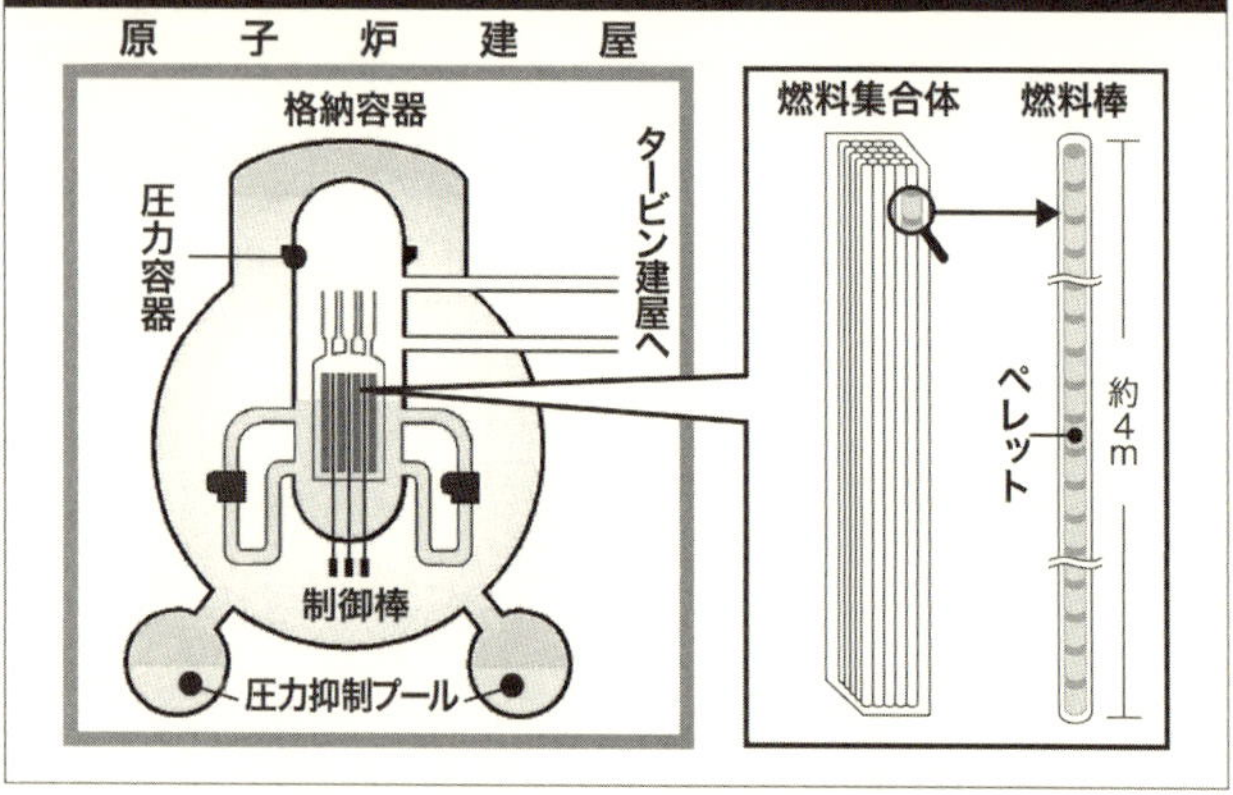

落ちている状態だと思います。大惨事にならなかったのは、格納容器の底にたまった水で「たまたま」燃料を冷却できたからにすぎません。

2、3号機の状況も深刻です。東京電力の公表データによれば、圧力容器内の水位はいまだに回復しておらず、燃料棒のかなりの部分が露出していると見られています。これらも圧力容器が破損していて水がたまらないのでしょう。特に3号機は5月にも圧力容器の温度が上昇しており、一進一退の攻防が続いています。

福島第一原発で最初に起きたことはいたって単純です。発電所が「全所停電」したこと、それによって原子炉の冷却ができなくなってしまったことです。

原子炉の中で発生する熱エネルギーを冷やす

ためには、水を送り続けなくてはなりません。そのためにはポンプを動かす電源が必要ですが、原子炉を緊急停止させたので自分では電気を起こすことができなくなり、また地震と津波によって外部からの送電線と非常用発電機も使えなくなってしまいました。電源車を構内の電力系統に接続する場所は水没してしまっていて、電源車も使えません。一切の電源が立たれてしまったのです。

私たちはそれを「ブラックアウト」と呼び、原発が破局的事故を引き起こす最大の要因であると警告してきました。

東京電力は思案のあげく、消防用のポンプ車を連れてきて、原子炉内に水を送ることにしました。淡水が利用できなかったため、もはや海水を入れるしかありません。一度海水を入れてしまえば、その原子炉は二度と使えなくなります。そのため福島第一原発の所長は独断で注入を指示できず、東京電力社長の決断を仰がなければなりませんでした。1号機の注水が始まったのは地震翌日の3月12日早朝です。1号機はその間、10時間以上「空だき」状態となり、燃料の大部分が溶け落ちてしまいました。また、全ての原子炉で損傷が進んでいきました。今も炉心が正常に冷却できていないのは、この判断の遅れによる損傷が大きな原因となっています。

原子炉への注水がうまくいかず、燃料棒の露出が続くと、過熱によってそれらは溶融していきます。

「崩壊熱」による燃料棒の損傷

原子力発電は、ウランの「核分裂反応」で出たエネルギーを使って電気を作ります。ウランは「燃料ペレット」という小指の先ぐらいの小さな瀬戸物に焼き固められ、直径1㎝、長さ4mほどの細長いサヤ（燃料被覆管）の中に400個ほど収められています。これが「燃料棒」で、数百本を束ねて炉心に入れて使います。

非常事態が起きた場合は、炉心に「制御棒」を差し込んで核分裂を止めます。しかし、すぐに安全な状態にはなりません。原子炉内で発生しているエネルギーには2種類あるからです。一つは核分裂そのもののエネルギーですが、もう一つ「崩壊熱」と呼ばれるエネルギーがあって、これがなかなか止まってくれないのです。「崩壊熱」とは、ウランの核分裂によって生み出された放射性物質が出すエネルギーで、原発を長期間運転した場合、原子炉内で発生するエネルギーの約7％を占めます。

自動車を運転中に、タイヤが外れる事故が起きたとしましょう。もちろんブレーキを踏み、エンジンを切ることで車を停止させることができます。しかし原発の場合は、事故が起きてもこの7％のエネルギーは止めることができずに、走り続けなければならないのです。

今回の事故では、地震が起きた時に制御棒が挿入され、核分裂反応そのものは止められたものと思います。しかし、崩壊熱はそこに放射性物質が存在するかぎり止めることができません。冷やし続けなければ燃料が溶けていきます。

炉心は核燃料が溶けるほどの高温になっていた

東京電力は燃料が溶けていることを長い間認めようとしませんでしたが、事故から2か月が経ってようやく認めました。私は3月下旬から「すでに燃料の一部が溶融しているのではないか」と指摘してきました。その理由は、第一原発の敷地内でプルトニウムが検出されていたからです。核分裂反応が起きるとプルトニウムが燃料ペレットにたまっていきますが、プルトニウムは揮発性ではありませんので、ペレットが溶け出さない限りほとんど外に出てくることはありません。逆に言えば、プルトニウムが検出されたということは、ペレットが溶けているということになります。

燃料ペレットは２８００℃ぐらいにならないと溶けません。つまり「炉心がそのぐらいの高温に達していた」ことを意味します。これはとてつもなく危険な状態ですから、東京電力はなかなかこの事実を認めたがりませんでした。5月12日に1号機でメルトダウンが起きていたことを発表するまで「燃料棒の約55％が損傷している」としつつも、燃料が下に溶け落ちていることは決して認めようとしなかったのです。

ところがメルトダウンは津波の直後に始まっていました。東京電力は「2号機の燃料棒は約35％、3号機は約30％が損傷している」と発表してきましたが、このデータも疑わしくなってきています。これらも燃料が全て溶けている可能性は否定できません。

今後起こりうる最悪のシナリオ

それでは、今後どういう事態が考えられるでしょうか。これまで私が想定してきた最悪のシナリオは「水蒸気爆発」です。

ウラン燃料を覆っている「ジルコニウム」という金属でできた被覆管は破損していますので、中の燃料ペレットは支えを失った状態になっています。もし何かの拍子に溶融したペレットが落下し、圧力容器にたまっている水と接触したら、水は急激に熱せられて一瞬のうちに沸騰し、水蒸気爆発を引き起こすことになります。

水蒸気爆発が起これば、厚さ16cmの鋼鉄でできた圧力容器、そしてその外側にある格納容器は吹き飛んでしまうでしょう。そうなれば炉心が完全に露出し、桁違いに大量の放射性物質が何の防壁もないまま環境に噴き出すことになります。

もしどこか一つの原子炉で水蒸気爆発が起これば、原発敷地内の放射線量は致死量を超えるでしょうから、作業員は全員退避せざるをえなくなります。当然、全ての原子炉や使用済み燃料プールの冷却作業は続行できません。ここに至ればあとは連鎖的にメルトダウンが起こり、歴史上経験したことのない大惨事に突き進んでいくだけです。

しかし、すでに1号機ではメルトダウンが起きていますが、水蒸気爆発は発生しませんでした。これは非常に運が良かったと思います。溶けた燃料は格納容器に流れ落ちていきますが、水を注入している限り爆発することはありません。ただ、2、3号機は依然として水蒸気爆発の恐れがあります。特に危険なのは高温が続いている3号機です。

また、1号機も注水がうまくいかなくなれば燃料が格納容器を突き破る可能性があります。溶け落ちてきたウラン燃料が2800℃なのに対し、厚さ3cmの鋼鉄でできた格納容器は1400℃～1500℃で溶けてしまうからです。この場合も、今とは比べものにならない大量の放射性物質が環境にまき散らされ、原子炉や使用済み燃料プールの作業に致命的な支障をきたすことになります。

チェルノブイリに続く、新たな「地球被曝」の危険性

チェルノブイリの時は「地球被曝」という言葉ができたほど広範囲に放射能汚染が広がりました。もし、福島第一原発で1号機から3号機までの原子炉、そして大量の使用済み核燃料がむき出しとなって溶けてしまった場合、それ以上にすさまじい汚染が全世界を襲うことは確実です。首都圏はおそらく壊滅してしまうでしょう。

この最悪のシナリオが現実になる可能性は今も消えていません。回避する唯一の方法は、原子炉に水を入れてひたすら冷却することだけです。政府や東京電力は当然そのことをよく理解していて、だからこそ作業員の被曝限度を無理やり引き上げ、急性障害が出るレベルの被曝にも目をつむって作業を続けさせています。この瞬間も現場で被曝しながら必死に働いている人たちの努力によって、何とか最悪の事態を押さえ込めているのです。しかし、いまだに原子炉を正常に冷やすことができていない以上、どのような不測の事態が起きてもおかしくありません。事態が好転していると思い込むのは現段階では早計です。少

なくともこの危険な状態があと半年は続くと考えなくてはいけないでしょう。

悪化する作業員の被曝環境

２０１１年4月17日、東京電力は原発事故の収束に向けた「当面の取組みのロードマップ」（工程表）を発表しました。この工程表には、６～９か月で原子炉を「冷温停止状態」にすると明記されています。果たしてこの目標は実現可能なのでしょうか。

5月17日に発表された改訂版でも、この目標は見直されませんでした。原子力安全委員会の班目《まだらめ》春樹《はるき》委員長でさえ「実施には相当の困難がある」と指摘したほどですから、この通りにうまくいくとはとても思えません。事故の最大の原因は「想定」の甘さ、ずさんさにこそあります。工程表通りに作業が進んでくれれば、こんなに嬉しいことはないですが、まず無理だと思います。やがて見直しを迫られると思った方がいいでしょう。

その理由は二つあります。第一に、放射能汚染がひどすぎて作業が進まないということです。冷却を続けない限り原子炉が溶け落ちて破局に至る可能性が今でもあります。従ってやるべきことはただ一つ、原子炉に水を入れ続けることです。

しかし、ずっと外部から水を注入しているわけですから、入れた分は外に溢れ出ることになります。もちろん出てくるのは放射能で汚染された水で、それが敷地内や建屋のあちこちにたまって作業員を被曝させています。1000ミリシーベルトを超える高濃度の汚染水が見つかった場所もありました。その量もすでに10万トンに達し、処理の方策が見えません。放射能汚染水の処理が進まず、イタチごっこが続いている間に「工程表」は時間切れを迎えてしまう可能性が高いと思います。私は4月初頭から、「汚染水を巨大タンカーで柏崎刈羽原子力発電所に輸送し、そこの廃液処理装置を使って処理すべき」と主張してきましたが、残念ながら実現しませんでした。

作業員の被曝環境はますますひどくなっています。5月14日、1号機原子炉建屋内で毎時2000ミリシーベルトの放射線量が計測されました。その場に4時間もいたら全員が死亡する危険性のある数値です。私も原子力に携わる一人として被曝を覚悟で研究を続けてきましたが、ここで作業をしろと言われたらさすがに躊躇《ちゅうちょ》します。

事故の前まで、緊急時の原発作業員の被曝限度量は年間100ミリシーベルトまでと定められていました。福島第一原発では、もはやそれではおさまらないので、今回の事故に限り250ミリシーベルトまで引き上げられています。この限度ですら、1号機建屋で作業をすれば10分も経たないうちに超えてしまいます。限度に達した作業員は今後1年間は

福島第一原子力発電所・事故の収束に向けた当面の取組みのロードマップ
(2011年4月17日・東京電力発表)

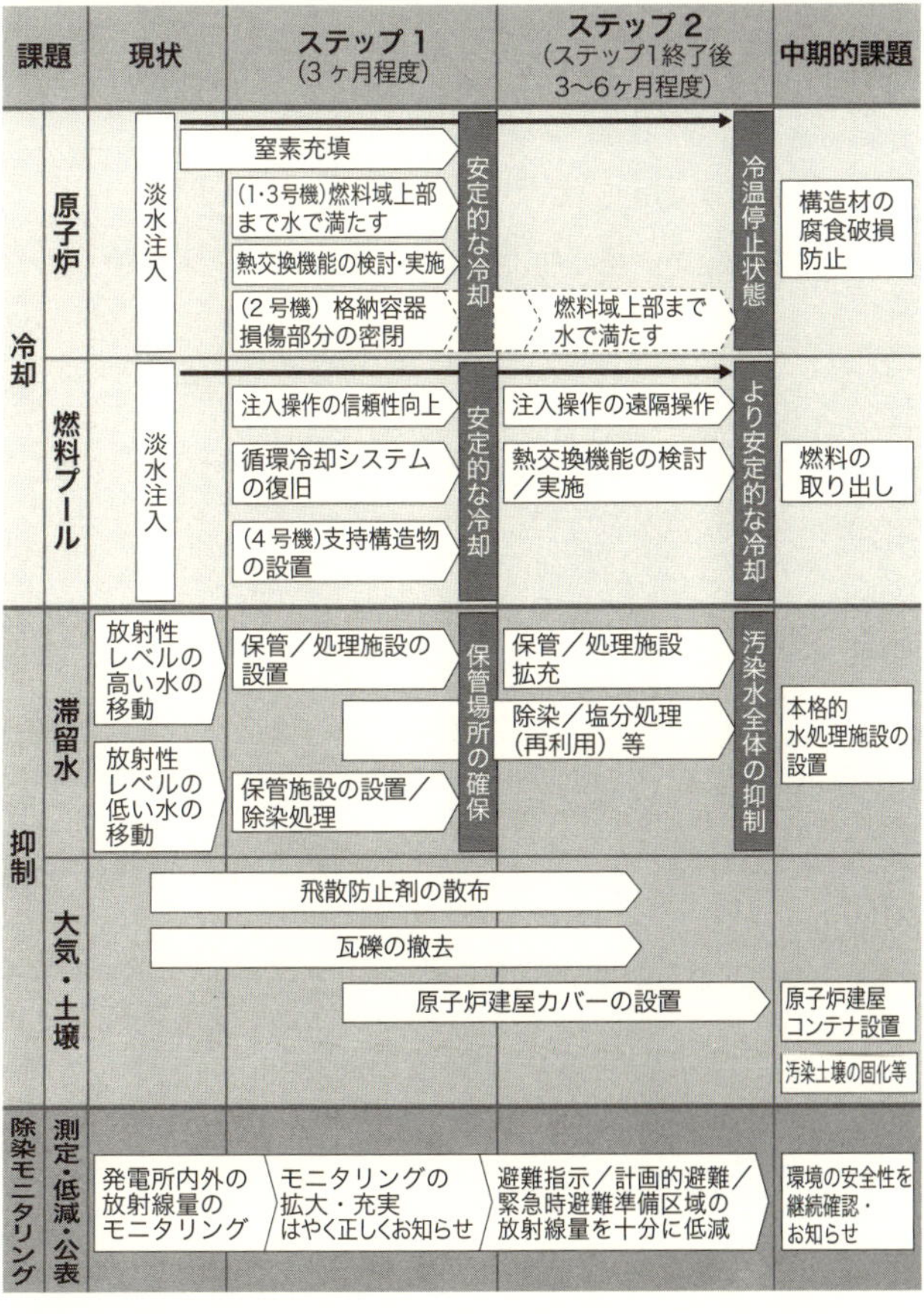
課題
現状
ステップ1
(3ヶ月程度)
ステップ2
(ステップ1終了後
3〜6ヶ月程度)
中期的課題
冷却
原子炉
淡水注入
窒素充填
(1·3号機)燃料域上部
まで水で満たす
熱交換機能の検討·実施
(2号機) 格納容器
損傷部分の密閉
安定的な冷却
燃料域上部まで
水で満たす
冷温停止状態
構造材の
腐食破損
防止
燃料プール
淡水注入
注入操作の信頼性向上
循環冷却システム
の復旧
(4号機)支持構造物
の設置
安定的な冷却
注入操作の遠隔操作
熱交換機能の検討
/実施
より安定的な冷却
燃料の
取り出し
抑制
滞留水
放射性
レベルの
高い水の
移動
放射性
レベルの
低い水の
移動
保管/処理施設の
設置
保管施設の設置/
除染処理
保管場所の確保
保管/処理施設
拡充
除染/塩分処理
(再利用) 等
汚染水全体の抑制
本格的
水処理施設の
設置
大気・土壌
飛散防止剤の散布
瓦礫の撤去
原子炉建屋カバーの設置
原子炉建屋
コンテナ設置
汚染土壌の固化等
除染モニタリング
測定・低減・公表
発電所内外の
放射線量の
モニタリング
モニタリングの
拡大・充実
はやく正しくお知らせ
避難指示/計画的避難/
緊急時避難準備区域の
放射線量を十分に低減
環境の安全性を
継続確認・
お知らせ

福島第一原発で働くことができなくなりますので、次から次へと作業員を集めなければなりません。

原発事故を収束させるためには、気が遠くなるような細かい作業の積み重ねが必要です。特殊な技能を持ちあわせ、しかも被曝を受け入れる覚悟のある人を集めることは容易ではありません。私は、そのうち250ミリシーベルトから500ミリシーベルトまで一気に上限が引き上げられてしまうのではないかと危惧しています。

よく「危険な作業には、人間ではなくロボットを使え」という意見が出されます。確かにロボットも線量測定ぐらいならできますが、冷却システムの構築といった専門技術を要する作業は人間でなければできません。

5月5日、1号機原子炉建屋の高い放射線量を下げるために設置されたフィルター付換気装置の稼働が始まりました。9日には放射線遮蔽材も設置されています。これらが期待通りうまく機能してくれることを祈っています。

水棺方式に疑問あり

「工程表」の実現が困難な二つ目の理由は、書かれている方策そのものに大きな疑問があることです。例えば「燃料域上部まで水で満たす」、つまり格納容器に水を注入して圧力容器ごと水没させる「水棺」方式。4月17日の段階で、1、3号機は3か月以内に実施、2号機は格納容器の破損を修理してから実施する予定になっていました。

2号機の格納容器で破損しているのは、一番低い位置にある「圧力抑制室」（サプレッションチェンバ）という部分で、そこが爆発で壊れていることはすでに分かっています。ところが、「破損状況を調査して修理する」といっても、5月18日にようやく作業員が建屋に入れただけで、見通しは立っていません。修理できなければ水棺を実施することはそもそも不可能です。2号機だけでなく、1号機や3号機の格納容器にも損傷があることは明らかですから、大量に注水すれば汚染水がさらに漏れてきて一層困る事態になると思います。しかも格納容器はもともと大量の水を入れることを前提とした設計になっておらず、負荷のために新たな損傷が生じる恐れもあります。よって、この方法は実現困難です。

1号機には水素爆発の危険があるということで、それを防ぐために格納容器に窒素が注入されています。もし水素爆発を心配しているなら、水棺は実施してはいけない方策です。なぜなら水を入れれば格納容器の空気層が狭まってしまうので、かえって水素が濃縮されやすくなるからです。どうにもチグハグなことをやっていると言わざるをえません。

4月末に1号機の「水棺」作業が始まりましたが、必要とされる7400トンの水を注入しても圧力容器内の水位は上昇しませんでした。5月12日までに注入された水は計1万トン以上。ところが水はたまっていません。東京電力は、「3000トン近くの水がどこかに行っている」と述べていますが、格納容器に損傷があって水が漏れていることは明らかでしょう。5月14日、1号機原子炉建屋の地階で3000トンほどの汚染水が確認されました。水を入れれば入れるだけ汚染水が漏れてくるので、「水棺」方式は断念せざるをえなくなることは確実です。

「進むも地獄、退くも地獄」の膠着《こうちゃく》状態

私を含めた多くの研究者は、「とにかく循環式冷却システムの構築を急ぐべきだ」と主張してきました。原子炉を水で冷却する作業を徹底して行わなければならないのですが、外部から水を入れ続ける以上、汚染水が溢れてきて工事が妨げられます。そこから抜け出すためには原子炉を冷やす水を循環式にし、途中に熱交換器を設置して熱だけを環境に捨てるようにしなければいけません。

循環式の冷却システムは、一般的に次のように作ります。電源はすでに回復しています

から、ポンプを正常に動く状態にして、原子炉を冷やす回路を作ります。つまり水を回して冷却するシステムです。

原子炉に入った水は熱くなって出てきますから、その回路の途中に「熱交換器」を設置します。熱交換器には海水を引き込み、原子炉から出てきた水の熱を移し、そしてその熱を海に流す。こういう二重のループを作ることが本来は必要です。

ところが圧力容器が破損しているので、もはやこの回路を正常な形で作ることができません。汚染水が漏れてしまうからです。

あまりいい方法ではないし、それで乗り切れるかどうかは分からないのですが、「やるならこれしかないだろう」と私が思っている方法が一つあります。

それは、圧力容器と格納容器を一体の物として考えることです。圧力容器の中に水を入れると、その水は漏れて格納容器の方に溢れていきますが、やがて格納容器の底についている「圧力抑制室」に流れ込んで行くはずです。そこで、その水をポンプで吸い上げて、また圧力容器の中に戻してやるループを作ります。たいへん異常なループですが仕方ありません。その回路の途中に熱交換器を入れて、除熱する回路をもう一つ作る。思いつくとしたらそういうアイデアしかありません。

そのためには大掛かりな工事が必要となり、さらなる被曝を作業員に強いることになります。そして、循環式冷却システムができるまでは今まで通り外部から水を入れ続けなければなりませんが、それを続ける限り汚染水が溢れてきて工事を妨害します。しかし、これを何としてでもやらなければ汚染水が止まることはないし、事態がよい方向に向かうとは考えにくいのです。

東京電力ももちろん循環式冷却システムが必要と考えています。5月13日、東京電力は仮設の空冷装置を用いた冷却システムの設置にとりかかりました。除熱できるなら水冷でも空冷でもいいのですが、依然として汚染が進んでおり作業の難航が予想されます。「進むも地獄、退くも地獄」の膠着状態の中で、作業員たちの被曝が蓄積する一方です。

※しかし、1号機に関してはその後格納容器の底が抜けている可能性が高まったので、「循環式冷却システムの構築は無理」だと考えるようになりました。燃料は格納容器の下のコンクリートを溶かして、地下にめり込んでいる状態だと思います。もうどうしようもありません。1号機原子炉建屋全体を覆い、地中深くにも障壁を張り巡らせるしかないでしょう。燃料が地下水と接触すれば海にすさまじい汚染が広がってしまいます。とはいえ、チェルノブイリの「石棺」ですら損傷が進んで新たなシェルターで覆わなければならない状態ですから、この方法が最終的な解決となる保障はありません。政府も東京電力も「どうすればいいのか分からない」というのが本当のところだと思います（追記）。

再臨界は起きたのか？

事故が起こって以来、私のところには福島の状況と今後の見通しについて多くの質問が寄せられています。私はその時々に入手しうる情報からできる限りの分析をしてお話ししていますが、どうしても限界があります。専門家が状況を分析・評価するのに必要な生データを、政府と東京電力がなかなか公表してくれないからです。

事故が起きた直後、私はとりあえず「原子炉の停止には成功した」、つまり「臨界は止まった」と思っていました。臨界とは核分裂連鎖反応が起こっている状態のことです。炉心に制御棒が差し込まれれば、臨界は止まります。

ところが、後になってそれを否定するようなデータが出てきました。東京電力が3月25日に公表したデータを見る限り、1号機の原子炉で核分裂連鎖反応が起こっている、つまり「再臨界」が起こっているとしか考えられなくなったのです。再臨界が起きれば再び原子炉が稼働するのと似たような状況になりますから、高熱が発生し、さらに危険な状態になります。

私がそう推測したのは、東京電力が「クロル38」という放射性核種を検出したからです。

クロル38は自然界にある塩素が中性子を受けることで生成されるものですが、中性子は主に原子炉で核分裂反応が起こっている時に発生します。クロル38は半減期が37分と短いので、核分裂反応が止まれば検出されることはまずありません。

ところが、3月末になってもまだクロル38が検出されている。もしそうだとすると原子炉が止まってからも継続的に生成されていることになるわけで、どこからか中性子が出ていることになります。検出量から見て、それは再臨界としか考えられませんでした。

そうこうしているうちに、4月20日になって東京電力は「クロル38の検出は間違いでした」と発表しました。クロル38はガンマ線を出していて「ゲルマニウム半導体検出器」で測定するのですが、専門家からすればこれを間違えることはまず考えられません。それなのに訂正まで1か月近くかかっている。

現段階では東京電力の言うことを信じる以外にないのですが、もしクロル38が検出されていないとすれば再臨界の可能性は小さいということなので、少しホッとしています。しかし放射能の拡散が止まったわけではありませんし、事態が好転したわけでもありません。原子炉を冷やすために水を入れる、入れたら漏れてなかなか冷えない、今度は溢れて汚染水がたまって海に流れる、という大変な手詰まり状態になっていることは変わりません。

政府と東京電力は、生データをすべて開示すべき

一つ大切なことを付け加えておきます。多くの方が再臨界＝破局と考えているようですが、それは違います。確かに再臨界が起きるとウランの核分裂反応が始まり高熱が出ます。つまり、小さな原子炉が動いているような状態になります。しかしそれがすぐ爆発につながるわけではありません。

臨界は、ある一定量以上のウランが一か所に集まる状態を作ることで起こりますが、持続的に起こし続けるのは実は難しいのです。臨界が起こると熱が出ますが、熱が出るとその部分は必ず膨張します。膨張すると集まっているウランの密度は下がりますから、臨界は解消されます。でも熱が出なくなるとまたウランが集まって来て、臨界が起こる。また膨張して解消される……こういう繰り返しになると考えるべきでしょう。本当の破局は、メルトダウンが起こって水蒸気爆発が発生する時です。

政府と東京電力に求めたいのは、情報を選別して小出しにするのではなく、生データを全て開示してほしいということです。そうすれば、専門家なら誰でも自分で検証することができます。クロル38検出に関しても、間違ったデータを開示したことによって世界中の

専門家が「再臨界が起こった」と判断し、非常に驚きました。

4月下旬、東京電力と原子力安全・保安院、原子力安全委員会はそれまで別々に行ってきた記者会見を「一本化」することにしました。説明の食い違いを解消することが目的だそうです。しかし、間違ったデータを流す、それを訂正する、また訂正……というイタチごっこが常態化しているのに、一本化してどうするつもりでしょうか。複数の機関が同時に情報を出せば、私たちはそれらをつき合わせて矛盾や隠蔽を発見することができます。ところが、情報の出所が少なくなってしまえば、測定ミスや解釈の間違いに気づくことが難しくなります。そもそも事故を起こした東京電力と、それをチェックする立場の政府が一体となって会見するというのはどう考えてもおかしい。

しかもこの会見は「事前登録制」で、保安院が参加者を選別できます。「メディアにふさわしい方に聞いていただきたいと考えている」そうですが、厳しい質問をする小メディアやフリーの記者が排除されていくのではないかと危惧しています。

細野豪志首相補佐官は「原則として全ての情報を公開する。私を信じていただきたい」と語っていましたが、情報公開の遅れも日常化しています。東京電力が作成した原発敷地内の汚染地図は作られてから一か月以上も公開されませんでしたし、「緊急時迅速放射能影響予測ネットワークシステム」（ＳＰＥＥＤＩ）の拡散予測が公開されたのは5月に入ってからでした。

レベル7とはどういう事故なのか

今回の事故は「国際原子力事象評価尺度」（ＩＮＥＳ）で最悪のレベル7に該当します。レベル7に引き上げられたのは、事故から1か月後の4月12日のことでした。あまりにも遅すぎる反応です。

私を含め、多くの研究者は3月12日の水素爆発の時点でレベル6（大事故）は間違いないと確信しており、その後数日でレベル7に達したこともとっくに分かっていました。

それなのに保安院の当初の評価はレベル4（「事業所外への大きなリスクを伴わない事故」）でした。これは1999年の「東海村ＪＣＯ臨界事故」と同じレベルです。その後3月18日にスリーマイルアイランド（ＴＭＩ）事故と同じレベル5（事業所外へリスクを伴う事故）に引き上げましたが、これでも明らかに過小評価です。政府が事故を「小さく見せよう」とした結果、すぐに避難が必要だった汚染地域の住民も「ただちに影響はない」と、長い間放置されてしまいました。本当に無責任だと思います。

それでは、いったい「レベル７」とはどういう事故でしょうか。前例であるチェルノブイリ原子力発電所事故を手がかりにそのことを考えてみたいと思います。チェルノブイリの事故と福島第一原発の事故には似ているところがたくさんあります。もちろん単純な比較はできませんが、福島の将来を想像する上でいろいろなヒントを与えてくれるように思います。

「首都モスクワの中心部に建てても安全」と言われていた原発が大事故に

１９８６年4月26日、旧ソビエト連邦のウクライナにあったチェルノブイリ原子力発電所で突如として事故が起こりました。

チェルノブイリには４つの発電所が並んでいました。事故を起こしたのは一番端にあった4号炉です。１９８４年の初めから動き始めた最新鋭機でした。

事故は、2年ちょっと運転し、そろそろ定期検査のために停止しようと操作していた矢先に発生しました。どんどん原子炉の出力を落としていって、もうすぐ止まる。その止まる寸前で「核暴走事故」が起こったのです。建物は、福島の原発がそうであったようにボロボロに吹き飛んでしまって、中からはもうもうと白煙が出ました。そして、大量の「死

1986年4月26日、史上最悪の原発事故が起きたソ連・ウクライナのチェルノブイリ原発4号炉建屋。爆発で大きく破壊された建屋全体を覆う巨大な「石棺」工事が強烈な放射能の中で進められた

の灰」が環境に噴き出してきたのです。

チェルノブイリ原発は、事故が起きるまで「(首都モスクワの中心部にある) 赤の広場に建てても安全」と宣伝されていて、みんながそれを信じていました。周辺住民は、まさかこんな事故が起きて放射能をまき散らすなんて思いもしないで生活してきました。

事故直後、発電所の所員と駆けつけた消防士たちが、燃えさかる原子炉の火を消すために必死で格闘しました。そのうち特に重度の被曝を受けた31人は、生きながらミイラになるようにして、短期間のうちに悲惨な死を遂げました。

モスクワの近くに作業員たちの墓があります。彼らの遺体は鉛の棺に入れられ、墓も隔離されています。遺族も遺体に近づくことはできません。すさまじい被曝をしながら、彼らはできる限りの努力をしました。

その後、放射能の拡散を防ぐために投入された人員は膨大な数にのぼりました。事故後数年にわたって、動員された「リクビダートル」(清掃人)と呼ばれる軍人・退役軍人・労働者たちは、累計で60万人に及びます。

彼らが猛烈な被曝をしながらボロボロに崩れた4号炉を「石棺」で覆ってくれたことによって、さらに大量の放射能が出る事態は防がれました。しかし、この石棺もすでに25年経ってあちこちに損傷が生じており、外側にもっと大きなシェルターを作ることになっています。まだ事故処理は終わっていないのです。

「リクビダートル」たちは、鉛のスーツを着て活動しました。鉛はものすごく重たく、そんなものを着たら当然身動きはとれないわけですが、それでも少しでも放射能を防ぐためには着用しなくてはなりませんでした。彼らはその姿で壊れた原子炉建屋の屋上によじ登り、放射能がそれ以上飛び散るのを防ぐ作業を行いました。

今、福島第一原発の敷地内でも同じように必死で苦闘している作業員たちがいます。これ以上破局的な事故に進まないために、彼らの努力が実を結ぶことを心から祈っています。

今も残る「放射能の墓場」

チェルノブイリ原発の近くには、たくさんのヘリコプターや軍事車両が捨てられた「放射能の墓場」が今でも残っています。松林が真っ赤に焼けてしまうほどの放射能に侵された土地ですから、そこからさらに放射性物質が風に乗って飛んでいかないよう、ヘリコプターや車両を使って飛散防止剤を撒いたのです。そのためにヘリや車両が放射能で汚染され、乗務員も被曝しました。そういう作業に使った機材には今でも大量の放射能が残っていますので、撤去することもできずに打ち捨てられたままになっています。

福島第一原発でも事故処理のためにたくさんの車両や機材が使われていますが、それらは放射能で汚染されています。原発から20㎞圏内に、チェルノブイリと似たような「放射能の墓場」を作らざるをえないことになるだろうと思います。

チェルノブイリ原発のあったウクライナはソ連きっての穀倉地帯で、ソ連国内の40％もの穀物を供給する豊かな大地でした。その大地が一面放射能で汚れてしまい、食物を通して「内部被曝」を受ける人たちが膨大な数にのぼりました。特に子どもたちが放射能で汚れた牛乳を飲み、小児がんに襲われました。

チェルノブイリ4号機は、たった2年の運転で炉内に広島型原子爆弾の約2600発分の放射能をため込んでいました。そのうち環境に出たのは約800発分です。その汚染は今も残り続けています。

1000あまりの村々が廃墟に

当初、ソ連政府は事故を「なかったことにしよう」と考えていました。冷戦時代ですから、原子力は軍事機密扱いです。それが漏洩することを恐れたし、また住民たちがパニックを起こすことを恐れたのでした。

最初はなんとか隠し通せると思ったのですが、あまりにとてつもない事故だったために、すぐにばれてしまいました。事故の翌日、1000km以上離れたスウェーデンのフォルスマルク原子力発電所でチェルノブイリから出た放射能が検出されたのです。西側諸国が騒ぎ出しましたから「もはやこれは隠し切れない」ということになって、ようやく公表。住民たちを避難させることにしました。

福島でも「警戒区域」や「計画的避難区域」の住民が避難所で生活しています。これからさらに多くの人たちも避難を強いられるかもしれません。

避難させられている方々はすでにたいへん疲れているだろうと思いますが、チェルノブイリの周辺住民もそうでした。30㎞圏内の約13万5０００人もの人たちがバスに乗せられ、連れて行かれました。ソ連政府は「チェルノブイリ原子力発電所でちょっとしたトラブルが起きた。３日分の手荷物を持って迎えのバスに乗りなさい」と命じ、住民たちは本当にそれだけを持って自分の家を離れたのです。その後にチェルノブイリから３００㎞以上離れている場所にもひどい汚染が発見され、ソ連政府はさらに二十数万人もの人々を強制的に避難させました。

周辺にあったプリピャチなどの都市はゴーストタウンと化しました。今もそれらの街は放射能で汚染されており、とても人が生活することはできません。１９８０年代後半の末期ソ連の街並みがそのまま残された、時間が止まった街になっているそうです。

廃墟になったのは都市だけではありません。農村からも人がいなくなりました。写真家の広河隆一さんは、チェルノブイリ事故で消えてしまった４５８の村を訪れ、写真に収めています。おそらく廃墟になった村々は全部で１０００に達するでしょう。

「チェルノブイリの10分の1」と安心はできない

しかしそれらの村々では、自分の意志で残った人たち、または移住先から帰ってきてしまった人たちが今も生活しています。「自分はこの土地でしか生きていけない」と考え、被曝を覚悟の上でそうしている人たちです。彼らは「サマショール」（自発的な帰郷者）と呼ばれています。

福島の「警戒区域」にも残っている人がいると聞いていますが、今後は自分の意志で戻る人も出てくるかもしれません。政府はその時どうするでしょうか。無理矢理連れ出すでしょうか。放置するでしょうか。それとも彼らの意志を尊重して必要な支援を提供するでしょうか。私は「汚染された地域に住んで欲しくない」と思いますが、人が自分の故郷を捨てるということは、非常に辛いことです。単に科学的な尺度だけでは割り切れません。これも、私たちが考えていかなければならない問題です。

チェルノブイリの事故は深い爪跡を残しています。もう25年も経ったのにまだ終っていないのです。事故を収めるためのソ連政府の負担はすさまじく、結局完全な終結を見ないまま、ソ連という国家の方が先に消滅してしまいました。チェルノブイリの重みに耐えられなかったのだ、と考える人たちもいます。

　さて、日本政府は福島第一原発から出た放射能の量を4月現在で「チェルノブイリの時の約10分の1」と発表しています。「4月現在」という留保をつけるのなら、私もそうだろうと思います。ですが福島の事故は発生からまだ半年も経っていません。チェルノブイリすらいまだに終っていないのに、福島がこれからどうなっていくかはまだ誰にも想像できません。

　また発電所の規模という観点で見ると、福島第一原発には事故を起こした原子炉が3基もあり、そのほかに大量の使用済み核燃料がくすぶっています。原子炉だけ見ても、チェルノブイリ4号炉が出力約100万kWなのに対して、福島第一原発は1～4号機の合計で300万kW近くあるのです。チェルノブイリ4号炉は停止寸前だったのに、福島第一原発は普通に稼働していたという大きな違いもあります。私たちは単純に「10分の1」といって安心せず、チェルノブイリの教訓からより多くのことを学んでいく必要があるように思います。

第二章　「放射能」とはどういうものか

放射能は知覚できない

事故が起きて以来、毎日のように「首都圏の放射線量が上昇した」「農作物から放射性ヨウ素が検出された」などのニュースが流れています。私たちは今後数十年にわたって放射能と付き合い続けるわけですから、それがどういうもので、どういう危険があるのかを知っておく必要があります。もはや、その知識がなければ自分自身や家族を守ることができません。現実を直視するならば、3・11以後の日本はそういう国になってしまいました。

そもそも「放射能」とはいったい何でしょうか。

放射能は、もともと「放射線を出す能力」を意味する言葉ですが、日本では「放射性物質」を指す言葉としても使われています。要するに、テレビや新聞に出てくるヨウ素、セシウム、プルトニウムなどのことです。一般に「放射能」と言われる場合、たいてい放射性物質を意味していると考えてよいでしょう。

「放射能は五感では感じられない」とよく言われます。しかし放射性物質も物質である以上、重さもあるし、形もあります。目で見ることも、触ることも、場合によっては臭いを感じることすらできるものです。ですが、これらの放射性物質が五感で感じられるほど身近にあるとすれば、人は生きていられません。

そればかりか、特殊な装置がないと計測できないほどのわずかな量で、十分に人を殺すことができます。2006年11月23日、旧KGB、ロシア連邦保安庁（FSB）の職員だったアレクサンドル・リトビネンコさんがロンドンで毒殺されました。毒として使われたのは「ポロニウム210」という放射性物質です。おそらく食べ物や飲み水に混ぜられたのでしょうが、リトビネンコさんはポロニウムの「味」を感じることなどできなかったでしょう。用いられた量は「100万分の1グラム」にも満たない量のはずだからです。

そんなごくごくわずかな量が体内に入っただけで人を被曝させ死に至らしめてしまう。そこに放射性物質の恐ろしさがあります。

キュリー夫人も「被曝」で亡くなった

では、なぜ放射性物質は危険なのか。それが「放射線」を出すからです。放射線は、身体の外側から、また呼吸や飲食を通して身体の内側から生命体を攻撃します。

人類で最初に放射線を発見したのは、ドイツの物理学者レントゲンでした。1895年、陰極線管（テレビのブラウン管もその一種です）の実験をしていたレントゲンは、偶然

「正体不明の不思議な光」が発生していることに気がつきました。そして彼はそれを「エックス線」と名付けました。

それ以来、たくさんの人たちがエックス線の正体を探るための研究を始めました。翌1896年には、フランスの物理学者ベクレルがウラン鉱石も謎の放射線を発する力を持っていることを発見し、それを「放射能」と名付けました。続いて1898年には、キュリー夫妻がウラン鉱石の中からラジウムとポロニウム（キュリー夫人の祖国ポーランドにちなんで命名）を分離し、それらこそが放射能を持っている正体であることを突き止めて「放射性物質」と名付けました。彼らの発見の功績をたたえて「ベクレル」や「キュリー」は放射能の強さを表す単位として今でも使われています。

この時代は大変優秀な学者たちが活躍した時代でしたが、いかんせん当時は放射線とは何であるか、放射能とは何であるかが知られていませんでしたし、被曝することがどれだけ恐ろしいことかも知られていませんでした。放射線の発見直後から多くの人々にやけどなどの急性の放射線障害が現れ「被曝が有害である」ことがだんだん事実として分かってきました。それでも当時は「皮膚が赤くなるかどうか」という、生命体にとってきわめて危険な水準が被曝限度とされていたのです。そのため、ピエール・キュリーは身体を壊し、道路をふらふらと歩いていて馬車にはねられて亡くなりました。キュリー夫人、つまりマリー・キュリーの死因は白血病です。「五感」では感じることができない放射線に被曝することによって、キュリー夫妻を含め、たくさんの人たちが命を落としてきたのです。

放射線が人間のDNAを破壊する

放射線によって被曝を受けると、人体はどのように傷つけられるのでしょうか。そのことを理解するためには「生命が作られる仕組み」を知っておく必要があります。

個体としての人間は、もともと父親からの精子と母親からの卵子が合体してできた、たった1個のいわゆる「万能細胞」です。その1個の細胞が分裂して2個の細胞になり、また分裂して4つになり、8つになり、16になる……という具合に、どんどん細胞分裂を繰り返して人間の形になっていきます。不思議なことに、ある時から「皮膚になる細胞は皮膚になる、目になる細胞は目になる、心臓になる細胞は心臓になる」というふうに、ある細胞が特別の細胞として機能分化していきます。このような細胞分裂の果てに、人間の大人を形づくる約60兆個の細胞があるわけです。

皮膚にある細胞でも目にある細胞でも、約60兆個の細胞一つ一つが持っている「遺伝情報」は全部同じです。私たちの生命は、細胞分裂しながら同じ遺伝情報を複製することで支えられています。人間は、一人ひとりみんな違いますよね。性別も違う、顔つきも違う、体つきも違う、考え方も違う。もっと広く言えば、世界に70億人近い人間がいますけれども、誰ひとりとして同じ人間はいない。それぞれの人が受け継いでいる自分だけの遺伝情報を複製しながら、「全く違う人間」として生きています。

一つ一つの細胞を見てみましょう。細胞には核という部分があり、その中では父親から得た染色体と母親から得た染色体が23個ずつ鎖状に繋がっています。これら2本のDNA（デオキシリボ核酸）の鎖は、二重らせん構造にねじれながら「チミン（T）」「アデニン（A）」「グアニン（G）」「シトシン（C）」という四つの「塩基」でハシゴ状に繋がれています。このハシゴがどんな並び方をしているかによってその人の遺伝情報が決まります。この配列は一人ひとり全く違っています。子孫を残す時にもその情報が不可欠ですし、個体が生きる時にもその情報に従って個々の細胞が機能を果たしています。

この遺伝情報は、まさに「神業」としか言いようのない方法で複製されます。細胞分裂の時に2本のDNAの鎖がスーッと分れていって、片方の鎖がもう片方を正確に複製し、新旧が対になって元と同じ配列で繋がるのです。

人間のＤＮＡ分子の幅は約２nm（nm＝ナノメートル、１nmは０・０００００１mm）で、一つの細胞につき長さ約１・８ｍのＤＮＡが含まれています。ちょっと想像がつかないので、ＤＮＡを太さ０・２mmの糸に拡大してみましょう。すると、一つの細胞の中のＤＮＡの長さは全長１８０kmになります。０・２mmの細い糸が、東京から伊豆諸島の三宅島ぐらいまで伸びていることを想像してみてください。そして、その糸を正確に複製し、二重らせん構造で繋ぐことを想像してみてください。どんな化学工場でも絶対にできない精密作業が私たちの体内で行われていることが分かります。まさに「神秘的」としか言いようがありません。

放射線に被曝するということは、このような神業で組み立てられている私たちの遺伝情報が切断され、遺伝子異常を引き起こしてしまうことを意味します。その恐ろしさを改めて教えてくれたのが、１９９９年に起こった「東海村ＪＣＯ臨界事故」でした。

ＪＣＯ臨界事故の悲劇

１９９９年9月30日、茨城県東海村の核燃料加工工場（株式会社ＪＣＯ）で「臨界事故」が発生しました。「臨界」とは、核分裂の連鎖反応が持続的に起きることです。原爆の場合は、瞬間的に連鎖反応を拡大させて爆発現象を起こします。原子炉の場合は、持続的に連鎖反応を制御してエネルギーを取り出します。JCO事故は、工場内にあった容器の中で予期せずに突然核分裂の連鎖反応が始まったので、「事故」と呼ばれています。「国際原子力事象評価尺度」ではレベル4（事業所外への大きなリスクを伴わない事故）でしたが、日本の原子力産業を根本から揺るがす大事件として国内外で報道されましたから、ご記憶の方も多いでしょう。

核分裂反応が起こると、中性子線、ガンマ線などの放射線が大量に放出されます。JCO事故では近隣住民に「避難要請」「避難勧告」が出され、10㎞圏内にも「屋内退避要請」が出されましたが、結局700人近くが被曝してしまいました。中でも現場で作業にあっていた3人の労働者が大量被曝し、そのうち大内久さん（当時35歳）と篠原理人さん（当時40歳）が、筆舌に尽しがたい苦しみの末に亡くなりました。

臨界は、大内さんと篠原さんがステンレス製の容れ物でウラン溶液を「沈殿槽」と呼ばれる容器に投入していた時に起こりました。ですから、2人は直接大量の放射線に被曝したことになります。

放射線を浴びた大内さんは現場で昏倒しました。すぐに救急車が飛んできて、大内さんたちは茨城県内の一番大きな病院である国立水戸病院に担ぎ込まれました。しかし、国立水戸病院は彼らの診察を拒否。「放射能で汚染されている被曝者の診察はお断り」と言われたのです。その次に、ヘリコプターで千葉市にある放射線医学総合研究所（放医研）という専門病院に担ぎ込まれました。

ところが被曝治療の専門病院である放医研ですら、大内さんたちを治療できませんでした。被曝量を評価した結果、「もう助けられない」ことが分かってしまったからです。最終的に東大病院に運び込まれました。

国立病院も専門病院も治療できないほどの被曝というと、今にも死にそうな意識不明の重体患者を思い浮かべるかもしれません。でも、東大病院に運び込まれた当時の大内さんには目に見える外傷もなく、看護師さんとおしゃべりするほど元気な様子だったといいます。

細胞が再生されず、人間の身体が壊れていく

大内さんには一つだけ変わった点がありました。肌が少し赤くなっていたことです。被曝8日目の右手の写真を見ると、海で日焼けしたようになっています。

ところが大内さんの手は、被曝1か月後には皮膚全体が焼けただれたようになってしまいました。

こうなってしまったのは手だけではありません。全身が焼けただれたようになっています。全身を包帯でグルグル巻きにされ、その包帯も体液ですぐにジュクジュクになり、何人もの医者と看護師で毎日それを取り換える……。そういうことの繰り返しだったそうです。

大内さんの手は、「日焼けしたように見えた」と言いました。私たちは、海で泳いで日焼けした程度では死ぬことはありません。漁師さんなどはたくさん日焼けするでしょうが、もちろん死にません。たしかに皮膚がボロボロむけることはありますが、その下からすぐに新しい皮膚が再生してきて、ちゃんと普段どおり生活していける。それが人間という生き物です。

大内さんの場合は逆で、最初は何でもないように見えたのに、だんだん全身が焼けただれていきました。それは大内さんが放射線に被曝した、つまり放射線でやけどをしたからです。皮膚の再生ができなくなっていたのです。

やけどをしたのは皮膚だけではありません。内側の肉も、骨も、内臓も、全部です。胃も腸も焼けただれている。細胞が再生されず、どんどん下血をして血液が失われていく。要するに、生きる力を失ってしまった状態です。

毎日10リットルを超える輸血と輸液を繰り返しながら、日本の医学界は総出で治療に当たりました。天文学的な量の鎮痛剤（つまり麻薬）も投与されたそうです。

そうやって大内さんは苦しみながら83日間生き延びましたが、亡くなってしまいました。途中からはもちろん意識もありません。日本の医学界が総出で彼を治療しなければ、恐らく2週間以内に亡くなっていたと思います。致死量の放射線を浴びたチェルノブイリの作業員たちがそうでした。どちらがよかったのかは分かりません。ですが、いずれにしても放射線に大量被曝するととりかえしのつかないことになることだけはお分かり頂けると思います。

大内さんの治療の経過は、ＮＨＫで『被曝治療83日間の記録～東海村臨界事故～』というドキュメンタリー番組になり、岩波書店からも書籍が出版されました。今は新潮文庫で入手できますので、一読されることをお勧めします（ＮＨＫ「東海村臨界事故」取材班『朽ちていった命―被曝治療83日間の記録―』）。読むのが辛くなってしまうほどの痛ましい内容ですが、非常に価値のある本です。

放射線のエネルギーはものすごい

亡くなった2人がどれだけの量を被曝したのかというと、大内さんが18グレイ当量、篠原さんが10グレイ当量です。「グレイ」とは物理・化学的な放射線の被曝量を測る単位ですが、ここでは皆さんがご存知の「シーベルト」という単位（生物的な被曝量を測る場合に使う）に置き換えていただいて結構です。

人間が2グレイ、つまり2シーベルトという量を被曝すると、中には「死ぬ人」が出始めます。被曝量が多くなるにつれて死ぬ確率はどんどん高くなっていき、4シーベルト被曝すると2人に1人は死にます。これを「半致死線量」といいます。8シーベルト被曝すると絶望的で、全員が死にます。放射線を使い始めてから100年の歴史の中で、こういう事実がだんだん科学的に分かってきました。被曝量から見て、大内さん、篠原さんは、到底助かる見込みはなかったのです。

被曝というのは「放射線からエネルギーをもらう」ことです。ところが、半致死線量である4シーベルトの被曝でも、体温はわずか「1000分の1℃」しか上昇しません。

皆さんも風邪をひいて熱が出ることがあるでしょう。体温計で測ってみたら「あ、もう

被曝による急性死亡の確率

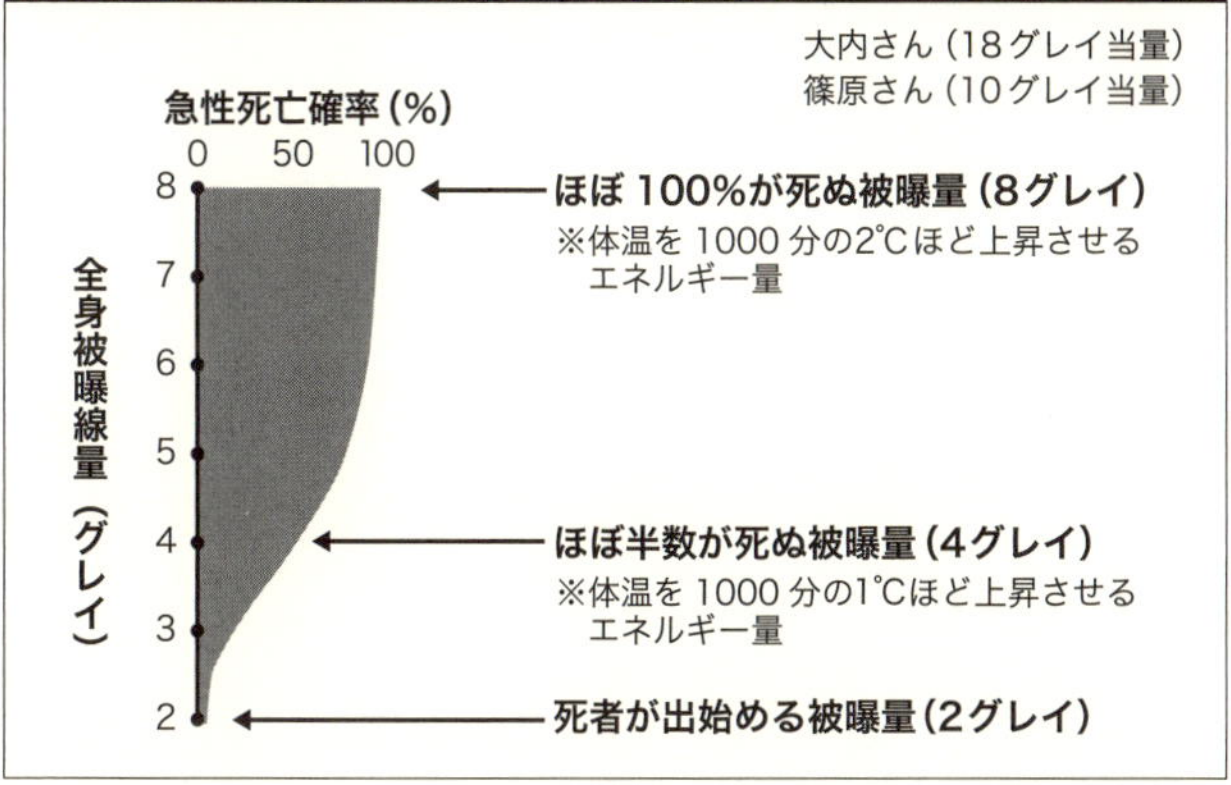

37度になっちゃった」「38度になっちゃった」「なんか体がだるいな」ということは日常的によくあることだと思います。だけど、そんなことで人間は死にません。安静にして、栄養をとって、薬を飲んでいれば治ってしまいます。でも、放射線からエネルギーを受けた場合には、体温が「１０００分の１℃」しか上がらない程度でも２人に１人が死んでしまう。体温が「１０００分の２℃」上がったら、もう全員が死んでしまいます。どんな人でも助かりません。

　なんでその程度で死ななきゃならないのか。実はそこに放射線の基本的な性質があります。先に見たとおり、私たちのＤＮＡは塩基で結合されて必要な全ての情報を形づくっているのですが、それらを相互に結びつけているエネルギーは、わずか数エレクトロンボルト（ｅＶ）にすぎません。この「エレクトロンボルト」という単位は、私のような研究者しか使わないような、とてつもなく小さなエネルギー単位です。私たちの遺伝情報は、測ることもできないような微小なエネルギーで精密に組み立てられているのです。

では、放射線はどの程度のエネルギーを持っているのでしょうか。例えば私たちが病院でレントゲンを撮ったときに受けるエックス線は、約１００キロｅＶです。キロというのはご存知の通り１０００倍という意味ですから、10万ｅＶということになります。これは私たちの体の分子結合のエネルギーと比べると、何万倍も大きい。実は病院でレントゲンを受けるたびに、そのぐらいのエネルギーに身体を貫かれ、ＤＮＡを破壊されているわけです。報道でお馴染みのセシウム１３７のエネルギーは約６６１キロｅＶ、プルトニウム２３９に至ってはなんと５・１メガｅＶ、つまり５１０万ｅＶです。

大内さんは自分の身体を再生する能力を失って亡くなりました。篠原さんもそうです。ＤＮＡがお互いを引き付け合っている数ｅＶのエネルギーに比べて、放射線の持つエネルギーは数十万から数百万倍も高いために「生命情報」がズタズタに引き裂かれてしまったからです。

被曝4日目に採取された大内さんの骨髄細胞の顕微鏡写真には、本来あるはずの染色体がなく、ばらばらに切断されて散らばった黒い物質が写っていました。移植を受けた皮膚は鎧のように硬くなり、死後の解剖に立ち会った医師はメスを入れた時に「ザザッ、ザザッ」というかつて聞いたことがない音を聞いたと語っています。

JCO事故に比べて、病院のエックス線撮影での被曝量が圧倒的に少ないことは言うまでもありません。しかし、放射線が精密なDNAの複製に何らかの影響を与えていることは、疑いようのない事実なのです。レントゲン写真は「骨が折れている」「肺にがんがある」といったことが見えるので診察面では有益ですが、人体そのものにとっては有益なものではありません。

福島第一原発からどのような放射能が出ているか

それでは、東北・関東地方を汚染している福島第一原発の放射性物質にはどのようなものがあるのでしょうか。

原子炉でウランを燃やす（核分裂させる）と「核分裂生成物」という放射線核種が何百種類も作られますが、今大量に環境に飛び散っているのは、「ヨウ素」という一群の放射性核種と、「セシウム」という一群の放射性核種です。なぜヨウ素とセシウムかというと、この二つは「揮発性」が高い、つまり飛び散りやすいからです。おそらく原子炉の中にたまっていたもののうち、もう数％が外に出てしまったと思われます。もし私が恐れている最悪のシナリオ・水蒸気爆発が起こり、圧力容器、格納容器とも破局的に壊れた場合、それらの数十％が環境に飛び出すことになるでしょう。チェルノブイリの時は、原発内部にあったヨウ素の約50～60％、セシウムの約30％が外に出てしまいました。

放射線核種の中には「不揮発性」、つまり飛び散りにくいものもあります。例えば、「ストロンチウム」と「プルトニウム」。すでにストロンチウムは福島県内の土壌や植物から、プルトニウムは原発の敷地内の土壌から検出されています。これまでのところ非常に微量ですが、水蒸気爆発が起これば これも全体の数％～十数％が飛散することになるでしょう。この二つは生物学的な毒性が大変に強いので、何とかして早期に事故を収束させなくてはなりません。

これらの放射性物質は、人体をどのように傷つけるのでしょうか。

核種によって影響はずいぶん異なります。例えば、テレビや新聞でよく報道されている「ヨウ素131」。これは体内に取り込まれると「甲状腺」に蓄積され、そこで放射線を出して甲状腺がんを引き起こします。チェルノブイリ事故で分かったように、幼児や子どもに与える被害がきわめて深刻です。

また、どのぐらいの期間にわたって影響を与えるのかも問題になります。放射性物質の寿命は、一般的に「半減期」つまり「放射線を出す能力が半分に減る時間」で捉えます。ヨウ素131の半減期は8日です。原子炉から出る主な放射性核種の中では短い方といえるでしょう。これが1000分の1に減るまでには80日かかります。

セシウム137の半減期は30年と長く、1000分の1に減るまでには約300年かかります。土壌に長くとどまって「外部被曝」の原因となるほか、根から栄養を吸収する植物、さらにはそれを食べた動物を汚染し、「生物濃縮」が起こります。福島の事故では海に大量の放射能汚染水を垂れ流していますから、海産物にも長期にわたって大きな影響を与えるでしょう。カリウムなど人体に必要な元素と性質が似ていることから、体内に取り込まれやすい物質です。

セシウム137が人間の体内に取り込まれると、全身の筋肉、生殖器などに蓄積されてがんや遺伝子障害の原因となります。福島第一原発から飛散している量とその寿命を考えると、長期にわたって警戒していかなくてはならない核種です。

骨を蝕むストロンチウム、「最凶の毒物」プルトニウム

それでは、「飛び散りにくい」放射性核種はどうでしょうか。ストロンチウム90はセシウム137と同じように半減期が28・8年と長く、一度環境に出てしまうと汚染が止まらなくなる代表的核種です。

1950年代から60年代にかけて、大気圏内の核実験がさかんに行われました。原爆・水爆の爆発で大量の放射性物質が全世界にばら撒かれたのですが、その際に一番たくさん生命体を被曝させたのが、このストロンチウム90です（その次がセシウム137）。ストロンチウム90はカルシウムと同じ挙動をとります。そのために人体はストロンチウムをカルシウムと勘違いして、骨に蓄積してしまいます。骨のがんの原因になるほか、骨は血液を作るところですから、白血病を引き起こします。

「人類が遭遇した最凶の毒物」といわれているプルトニウム239は、特に吸入による肺への取り込みが危険視されており、年摂取限度は0・00052mgに設定されています。なぜプルトニウムが恐れられているかというと、「毒性が高いうえに寿命があまりにも長い」からです。半減期は約2万4000年で、1000分の1になるまで24万年。原

放射線の種類と透過力

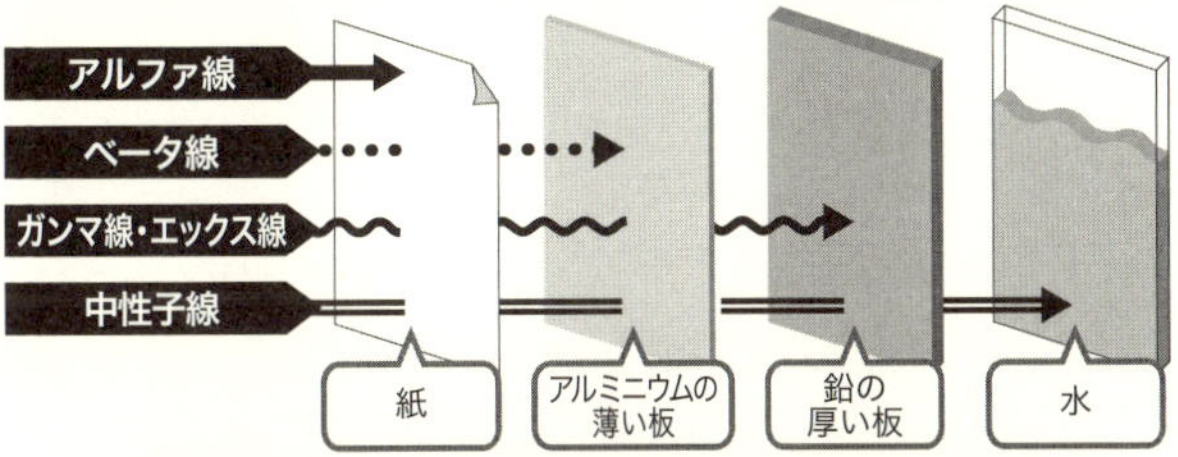

放射性物質の種類	半減期	放出する主な放射線
ヨウ素 131	8日	ベータ線
ストロンチウム 90	28.8 年	ベータ線
セシウム 137	30 年	ガンマ線
プルトニウム 239	2.4 万年	アルファ線

子力発電では、プルトニウムを大量に含む「使用済み核燃料」やそれを再処理した際に生じる「高レベル放射性廃棄物」が毎年たくさん発生しています。何十万年もの間、誰がそういった危険なものをきちんと管理し続けられるのでしょうか。実は、現在の科学ではそのシナリオすら描くことができていません。今ですら処理に手を焼いており、日々綱渡り的に管理している状態なのです。

　これらの核種が出している放射線にも違いがあります。JCO事故で大内さん、篠原さんは「中性子線」を浴びました。これは主に核分裂反応が起こっている場所で出ますので、私たちの日常生活での被曝の場合「アルファ線」、「ベータ線」、「ガンマ線」の3種類が大きな問題となります。

プルトニウム239が出すのはアルファ線ですが、ストロンチウム90が出すのはベータ線です。ヨウ素131、セシウム137はベータ線、ガンマ線の双方を出します。これらの放射線は「外部被曝」と「内部被曝」で働きが違ってきますので、順番に見ていくことにしましょう。

外部被曝、つまり放射性物質が人体の外側にある場合、アルファ線は透過力が非常に弱いので「紙一枚」あれば遮蔽できます。またベータ線も「薄いアルミニウムの板」で止めることができます。一方、ガンマ線はこれらに比べて透過力が強いので「厚い鉛板や鉄板」のようなものでないと遮蔽することができません。ですから外部被曝ではガンマ線を出す放射性物質が恐ろしく、アルファ線を出すプルトニウムなどはさほど問題にならないと言えます。

内部被曝になると様相が変わってきます。福島原発の事故でいま問題とされているのは、放射線を直接浴びる外部被曝よりも、放射性物質を体内に取り込むことによる内部被曝のほうです。ガンマ線を放出する放射性物質を体内に取り込んだ場合、一部のガンマ線は人体の外に飛び出していってしまうし、被曝の影響も希薄で広範囲です。ストロンチウム90

はもちろん、ヨウ素131やセシウム137による内部被曝で問題になるのは、ベータ線被曝です。

最も深刻なのはアルファ線です。アルファ線を放出する放射性物質を取り込んでしまった場合、その放射性物質が付着したごくごく近傍の細胞だけが濃密に被曝を受けます。それだけに破壊力は大きい。どのぐらい危険かというと、ベータ線・ガンマ線から受けるのと同じエネルギーをアルファ線から受けた場合、生物的な被曝として20倍を見積もることになっています。つまり、20倍の危険を持っているということです。

原発事故の直後、テレビ番組の解説者は1時間あたりの放射線量をレントゲン写真やCTスキャン、東京・ニューヨーク間を航空機で往復した場合の被曝線量と比較して「(放射能汚染は)それほど心配するレベルではない」などと説明していましたが、これは比較する基準が全く違います。

例えばレントゲン写真は1日24回撮影するわけではありません。放射性物質を体内に取り込めば1日24時間、何日もずっと内部被曝し続けるわけで、外部被曝と単純に比較できるものではないのです。

すでに原爆80発分の放射能が拡散している

私たちは今回の原発事故でどのぐらいの放射性物質と向き合っているのでしょうか。

ＪＣＯ事故のときに燃えた（核分裂した）ウランの量は、わずかに１mgでした。１mgというのは、手のひらに乗せてみても、決して感じることができないほどの量です。たったそれだけのウランが燃えただけで何百人もの被曝者を出し、大内さんと篠原さんはすさまじい苦しみの末に亡くなりました。

広島の原爆で燃えたウランは８００ｇ。ＪＣＯ事故の80万倍です。これが炸裂したわけですから、広島の街が壊滅し、10万以上の人が死んでしまったことも理解できます。

それでは、１００万kWの原子力発電所はどうかというと、１年間に１トンのウランを燃やしています。これをmgになおしてみると、10億mgです。ＪＣＯ事故や原爆とは比べ物にならないほどの膨大なウランが燃えて、大量の核分裂生成物である「死の灰」を作り、原子炉の中にどんどんため込んでいるのです。チェルノブイリ４号炉は約１００万kWでした。

前述のとおり、４月現在で福島第一原発から放出された放射性物質は「チェルノブイリの１割程度」と発表されています。ですが、これはきわめて膨大かつ危険な量です。安心することなど全くできません。チェルノブイリから出た放射性物質はセシウム１３７換算で広島原爆の８００発分に相当します。これをそのまま当てはめるならば、すでに原爆80発分の「死の灰」が飛び散ってしまったことになります。しかも、まだ放射能は漏れ続けていますから、最終的にはもっと増える可能性を残しています。

第三章　放射能汚染から身を守るには

「安全な被曝」は存在しない

福島の事故が発生してからというもの、空気や土壌、食物から放射性物質が検出され続けています。皆さんもたいへん不安な思いをなさっていることでしょう。

ところが、日本政府やマスコミは放射性物質が検出されるたびに、

「ただちに健康に影響を及ぼす量ではありません」

「ただちに避難の必要はありません」

と繰り返してきました。

「ただちに」というのは「急性障害は起きない」という意味です。被曝することによって死んでしまったり、髪の毛が抜けたり、やけどをしたり、下痢になったり、吐き気がしたりすることを「急性障害」といいます。政府やマスコミは「すぐにそういう症状が出ることはありませんよ」と説明しているわけです。

それでは、急性障害が出なかったらよいのでしょうか。

実はそうではありません。たとえ被曝量がそんなに多くなかったとしても、後々で被害が出ることがあります。5年経ってから、20年経ってから、あるいは50年経ってから被曝

が原因でがんになってしまう人たちが出てくることを、広島、長崎の被爆者が教えてくれました。私たちはそれを「晩発性障害」と呼んでいます。晩になってから発生する、つまり後になって発生する障害があるということです。

当たり前ですよね。「被曝」とは、私たちの体を作っている分子結合の何万倍、何十万倍ものエネルギーの塊が体内に飛び込んできて、遺伝情報を傷つけることです。被曝量が多ければ、火傷、嘔吐、脱毛、著しい場合は死などの「急性障害」が現れます。

しかし、ちょっとＤＮＡに傷がついた程度でも、その傷が細胞分裂で増やされていくわけですから「全く影響がない」なんてことは絶対に言えません。「人体に影響のない程度の被曝」などというのは完全なウソで、どんなにわずかな被曝でも、放射線がＤＮＡを含めた分子結合を切断・破壊するという現象は起こるのです。

学問上、これは当然のことなんです。これまで放射線の影響を調べてきた国際的な研究グループは、みんなこの事実を認めています。米国科学アカデミーの中に放射線の影響を検討する委員会（ＢＥＩＲ：電離放射線の生物学的影響に関する委員会）があって、それが２００５年に７番目の報告を出しました。その結論部分にはこう書いてあります。

利用できる生物学的、生物物理学的なデータを総合的に検討した結果、委員会は以下の結論に達した。

被曝のリスクは低線量にいたるまで直線的に存在し続け、しきい値はない。最小限の被曝であっても、人類に対して危険を及ぼす可能性がある。こうした仮定は「直線、しきい値なし」モデルと呼ばれる。

※　※　※

「しきい値」(閾値)というのは、症状が出はじめる最低限の被曝量のことです。つまり、「この量以下の被曝なら安全ですよ」という値です。低レベルの被曝は人体に害がないという考え方は、この「しきい値」が存在するという前提で成り立っています。

しかし、BEIR報告が結論づけているように、そんなものは存在しません。低線量の放射線でも必ず何らかの影響があるし、そしてそれは存在し続けます。どんなに少ない被曝量であってもそれに比例した影響が出る、このような見方を「直線、しきい値なし」(LNT：Linear Non-Threshold)モデルと呼びます。

LNTモデルが出てきた背景には、非常に長い期間にわたる研究の積み重ねがあります。

広島・長崎に原爆を落とした米国は、１９５０年から被爆の健康影響を調べる寿命調査（ＬＳＳ：Ｌｉｆｅ Ｓｐａｎ Ｓｔｕｄｙ）を開始しました。広島・長崎の近距離被爆者約５万人、遠距離被爆者約４万人、さらに比較対照のため原爆が炸裂した時に広島・長崎にいなかった人（非被爆対照者）約３万人を囲い込んで被爆影響の調査を進めたのです。半世紀にわたる調査の結果、年間50ミリシーベルトの被曝量でも、がんや白血病になる確率が高くなるということが統計学的に明らかになりました。

解明されつつある低レベル被曝の危険性

ところが、原子力を推進する立場の人たちはこれらのモデルを絶対に認めようとはせず、「50ミリシーベルト以下の被曝は何の問題もない」と主張してきました。皆さんも報道で何度も聞かされてきたと思います。そして、それを裏づける「証拠」として次のような主張がなされています。

「生き物には放射線被曝で生じる傷を修復する機能が備わっている」（修復効果）
「放射線に被曝すると免疫が活性化されるから、量が少ない被曝は安全、あるいはむしろ有益である」（ホルミシス効果）

私たちに備わっている修復機能は、本当に被曝で受けた傷を治すことができるのでしょうか。LNTモデルを採用していない国際放射線防護委員会（ICRP）ですら、「生体防御機構は、低線量においてさえ、完全には効果的でないようなので、線量反応関係にしきい値を生じることはありそうにない」と述べています。保健物理学の父と呼ばれ、ICRP委員も務めたK・Z・モーガン氏が「私たちは当初、あるしきい値以上の被曝を受けなければ、人体の修復機構が細胞の損傷を修復すると考えていた。しかしその考え方が誤りであった」と認めている通りです。

これに加え、「低線量での被曝は、高線量での被曝に比べて単位線量あたりの危険度がむしろ高くなる」という研究結果が出てきました。前述のモーガン氏は「非常に低線量の被曝では、高線量での被曝に比べて1レムあたりのがん発生率が高くなることを示す信頼性のある証拠すらあり、それは『超直線仮説』と呼ばれる」と結論づけています。実は、人間の被曝に関して最も充実したデータを提供している広島・長崎の被爆者データがそのような傾向をはっきり示しており、最近の科学の進歩によって分子生物学的な裏づけがえられはじめています。例えば、次のような発見があげられます。

【バイスタンダー効果】被曝した細胞から被曝しなかった周辺の細胞に遠隔的に被曝情報

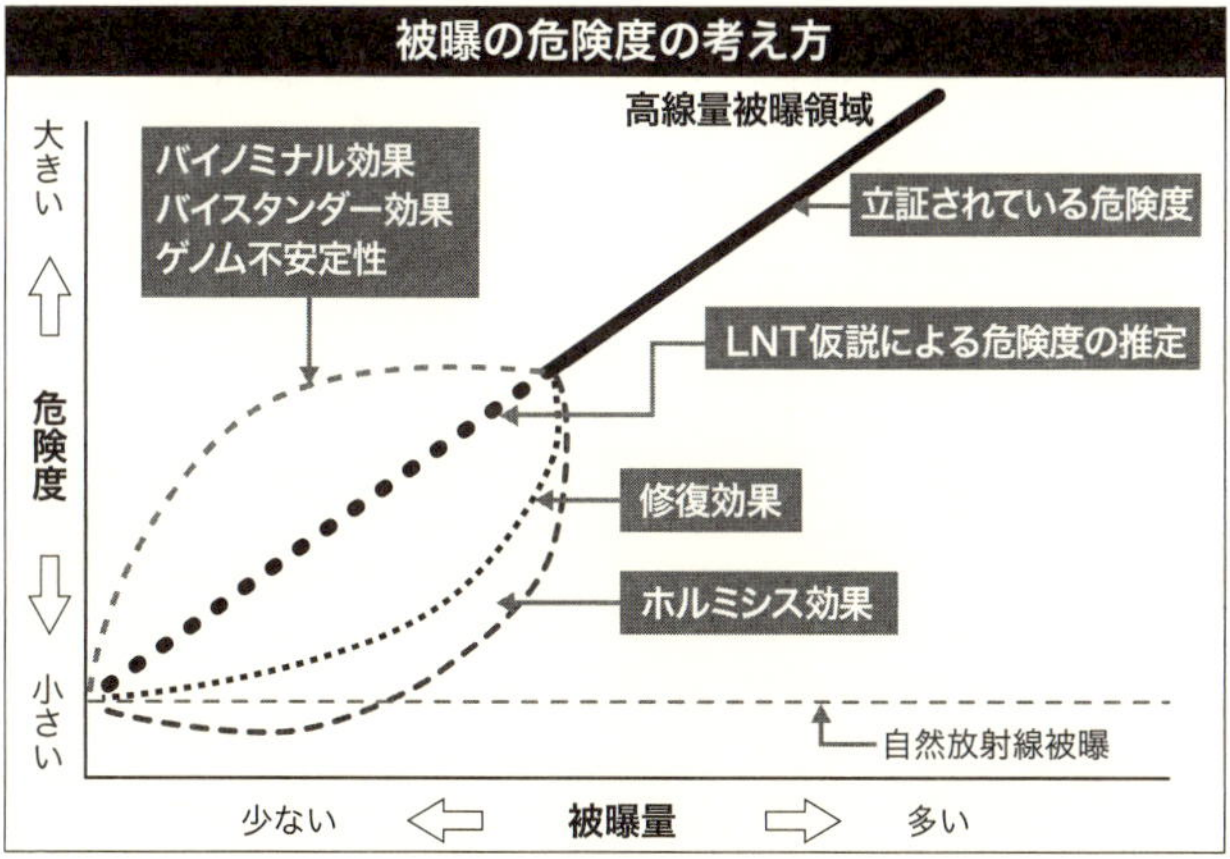

が伝えられる現象。

【遺伝子（ゲノム）不安定性】　被曝の損傷を乗り越えて生き残った細胞集団に「遺伝子不安定性」が誘導され、長期間にわたって様々な遺伝的な変化が高い頻度で生じ続ける現象。

さらに、最近になって「低線量での被曝では細胞の修復効果自体が働かない」というデータすら出はじめています。

これでお分かりの通り、私たちは原発事故によってきわめて長期にわたる健康被害のリスクを抱え込んでしまったのです。

細胞分裂が活発な子どもたち、そして胎児は、成人に比べてはるかに敏感に放射線の影響を受けます。「人体に影響のない被曝」などというものは存在しないのです。専門家は、「ただちに影響はないレベル」なんてことは絶対に言ってはいけないと思います。

風と雨が汚染を拡大する

重大な健康被害をもたらす放射能を何としても避けたい。多くの方々が当然このように考えています。

それでは、原子炉から放出された「死の灰」＝放射性物質はどうやって私たちのところにやって来るのでしょうか。基本的には、「風に乗って流れる」だけです。風がどの方向から吹いているかだけが全てを決します。

この点でもチェルノブイリ事故は大きな教訓を残してくれました。事故が起こった当時、東から風が吹いて「死の灰」は西へ流れました。ヨーロッパ方面に向けて、ずっと汚染が広がっていきました。

そのうち風向きが変わって南風が吹いてきて「死の灰」は北へと流れました。その次は西風が吹いて東の方へ流れます。東の果てには日本があります。日本にもたくさんの「死の灰」が飛んできました。私の職場である京都大学原子炉実験所はチェルノブイリから直線距離で８１００㎞も離れていますが、１週間経った5月3日に、私の職場の空気中から

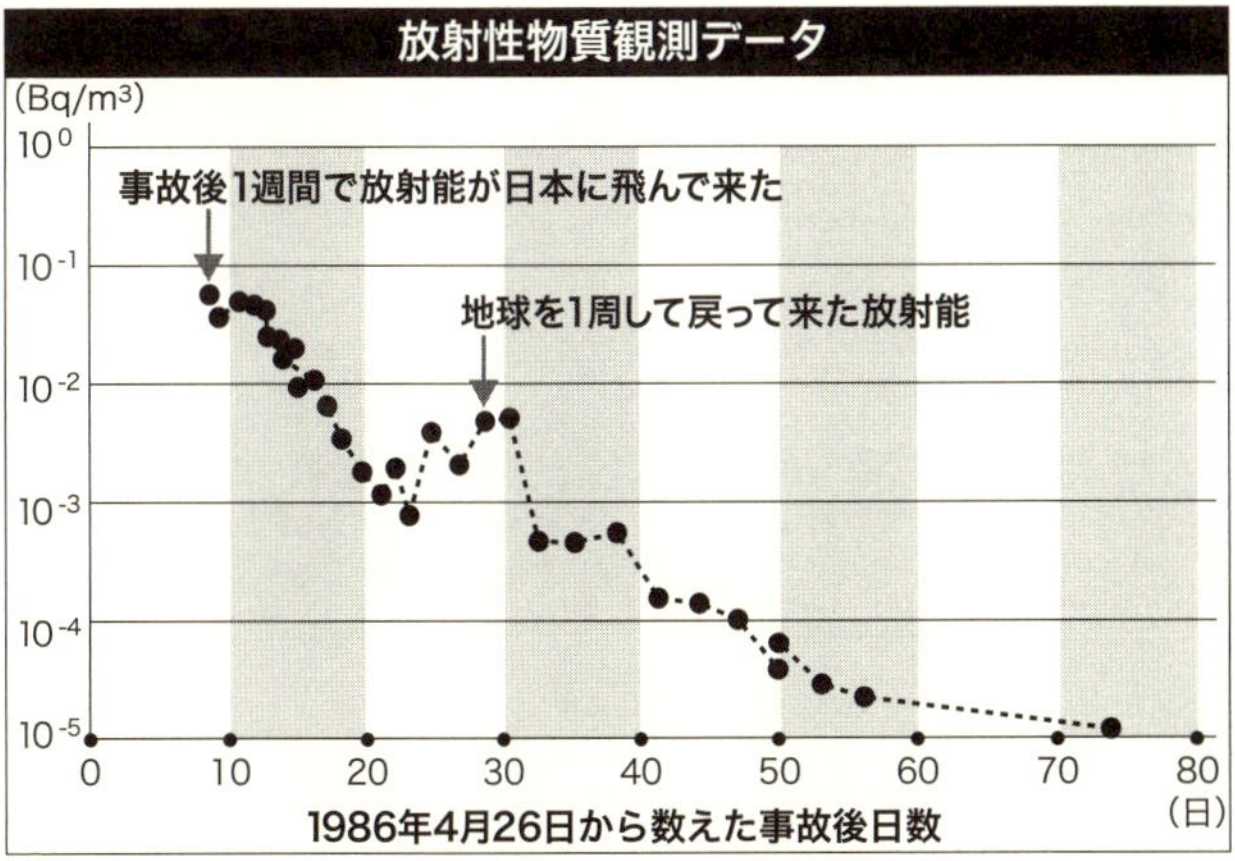

もチェルノブイリからの放射性物質が検出されたのです。

もちろん、その放射性物質は原子炉実験所だけではなく日本各地で検出されるようになりました。愕然としながら私が測定を続けていると、時とともに空気中の放射性物質の濃度は減っていき、半月後には約１００分の１にまで減りました。ところが、その後濃度が再度増加し、１週間後には10倍近い汚染を示すまでに回復してしまったのです。つまり一度日本に届いた放射性物質が、その後も風に乗って太平洋を越えてアメリカ大陸を汚染し、そして再度ヨーロッパとソ連国内を通って、地球を一周してまた日本に戻ってきたのでした。

チェルノブイリ周辺の汚染の広がりを表した

チェルノブイリ原発事故汚染地図

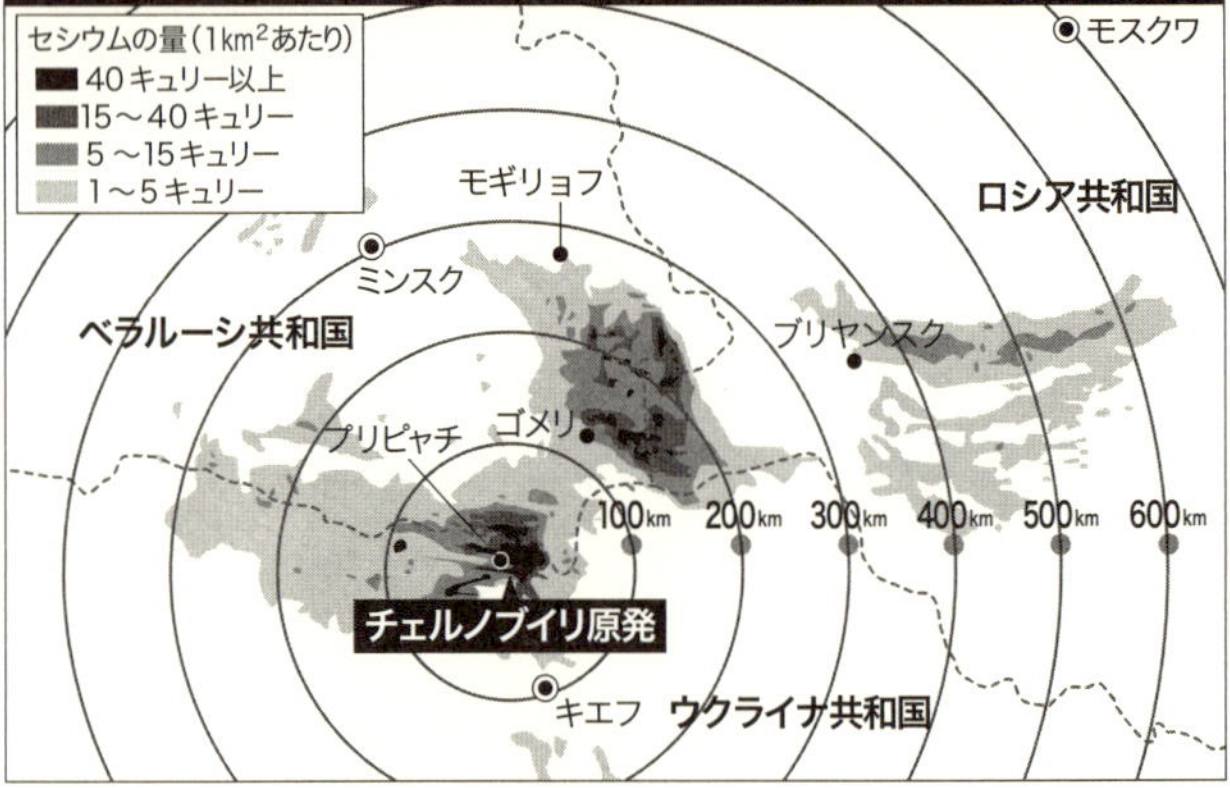

地図を見ると、原発から北東に３５０㎞〜７００㎞離れた場所にも猛烈な汚染地帯ができています。なぜこんな遠いところが汚染されたのかというと、放射性物質が流れてきた時にここで「雨」が降ったからです。汚染の全容が分かってきたのは、事故から３か月ほど経った時のことでした。

これらの地域は１キュリー／㎢以上、日本の法律でいうところの「放射線管理区域」以上の放射能が測定された場所です。日常生活で放射線管理区域に接することはまずありません。唯一可能性があるのは病院のエックス線撮影室やＣＴスキャンなどの撮影室でしょう。入り口に「関係者以外立ち入りを禁ずる」「妊娠している可能性のある方は申し出てください」などと書かれてあります。

管理区域の内側では、一般人の年間被曝限度量である1ミリシーベルトに対して、20ミリシーベルトまでの被曝が許されている「放射線業務従事者」という特殊な人間だけが活動できます。私も仕事柄どうしても必要で入りますが、そこでは水も飲めません。ものを食べても寝てもいけません。子どもを連れて入るなど論外です。要するに、人が生活していくことのできない区域なのです。

チェルノブイリ事故によって、非常に広い地域が「人間が生活してはいけない場所」になってしまいました。その面積は、あわせて約15万㎢。これは日本全土の4割に相当する広さです。

ところが、ソ連政府が避難させたのは特に汚染の激しい地域（15キュリー／㎢）の住民約40万人だけでした。今なお約565万人が「放射線管理区域」以上の被曝環境でさまざまな病気に怯えながら生活しています。

このような汚染地域で生活し、子どもを産み育てるなどということは決してあってはならないことです。当然、住民を避難させるべきだと思います。

しかし「避難」とは、そこで住んでいた人々をその土地から強制的に追い出すことです。

そうなれば、彼らの生活自体が崩壊します。一体どうすればいいのか。途方にくれてしまいます。

福島で起きたレベル7の原子力事故とは、このような大事故に他ならないのです。すでに述べたように、福島第一原発から北西約40kmに位置する飯舘村では、チェルノブイリ事故で強制移住させられた地域をはるかに上回る汚染が確認されました。それなのに、日本政府は1か月も住民を放置したままでした。

被曝から身を守る方法

ところで、今の政府は原子力災害を想定したまともな防災計画・避難計画を持っているでしょうか。これまでの対応を見ても、とてもそのような準備があるとは思えません。チェルノブイリを超えた飯舘村ですらすぐに避難させられなかったのです。私たちは「自分でできること」について知識を深めておく必要があります。そこでまず、最悪の事態が起こった時に備えて「被曝を防ぐ方法」をご紹介したいと思います。

チェルノブイリの例が示しているように、原子力発電所で事故が起きた場合、放射性物質は風に乗って流れます。被害を防ぐために何よりも肝心なのは、それに「巻き込まれないこと」です。風速が毎秒４ｍだとすれば、放射性物質は1時間に14㎞流れます。普通の人は走っても到底逃げられません。車はおそらく交通網がマヒして動かないでしょう。しかも、迫ってくる放射性物質を目で見ることはできません。どうすればいいでしょうか。とても難しいことですが、その場合は冷静に風向きを調べて「原子力発電所から吹いてくる風の向きと直角の方向に逃げる」ようにしてください。

そして可能であれば、できるだけ原子力発電所から離れてください。とはいえ少し離れたところでも雨に襲われれば濃密な汚染を受けてしまいます。放射性物質を身体に付着させることは非常に危険ですので、雨合羽や頭巾、帽子、それに着替えの準備は必須となります。また運悪く放射性物質に巻き込まれてしまった場合には、それを呼吸で取り込まないようにすることが大切です。マスク、あるいは濡れタオルはそれなりに効果があるでしょう。

それでは、家から離れられない場合はどうすればいいでしょうか。京都大学原子炉実験所で私の同僚だった故・瀬尾健さんが著書『完全シミュレーション　原発事故の恐怖』（風媒社ブックレット）で次のようにまとめています。

※　　※　　※

①窓を閉め、隙間を目張りして家屋を気密にする。ビルなどの空調は止める。日本様式の家屋は気密性が悪いので、その場合はできるだけ気密の良い家屋に避難させてもらう。

②ヨウ素剤を早めに服用する。（小出注：これは政府が配布しないと無理です）

③放射能雲に巻き込まれている間とその後しばらくは、屋内でも何枚も重ねた濡れタオルをマスクにして、直接空気を吸わないようにする。できるだけ家屋の奥、つまり外部と一つでも多く壁で隔てられているような場所を選んで、集まる方がよい。二階よりも一階、一階よりも地下室があればもっと良い。窓のそばに長くいるのは禁物である。

④ありとあらゆる容器に飲用水を溜める。風呂を洗って水で満タンにし、すべてに蓋をきちんとする。これらは当座の飲用水である。保存食をできるだけ多く確保する。

⑤放射能雲に巻き込まれている間は外出を控える。もしどうしても外出する必要が生じた場合は、健康で丈夫な成人（それも40歳以上）に用件を託す。（中略）帰宅の際は衣服を着替えて脱いだものは屋外に廃棄する。

⑥放射能雲が到着した後は井戸水はもちろん水道の水も飲まない方がよい。

⑦雨や雪が降っている場合は特別の注意が必要である。浮遊している放射能微粒子は雨や

雪にくっつきやすく、雨粒や雪には上空から地上まで広い範囲の放射能が濃縮されているからである。雪が積もった場合は、それが融けるまで放射能はそのままの状態で固定されているが、雨の場合も雪の場合も、降らない場合に比べて何十倍も地面汚染が強いと考えておかねばならない。雨には濡れないこと、衣服に付いた雪は払うこと、水溜まりには近づかないことなどの注意が必要である。

※　※　※

情報ルートを開拓する

ただ一番心配なのは、私たちに大事故の発生が知らされない可能性があることです。政府や電力会社は事故を過小評価し、できるだけ小さく見せようとしています。現に福島の事故でも、一刻を争うような事態でありながら情報をなかなか出そうとしませんでした。さらに、事故当時に東京電力の勝俣恒久会長はマスコミOBを引き連れて中国旅行に出かけていたようですが、これまで政府や電力会社と馴れ合いで情報を垂れ流してきた大マスコミの追及はどうしても甘くなります。厳しく追及している記者の多くは、雑誌やネットメディア、フリーの記者たちです。

まずは「できるだけ情報を公開させる」ことが必要。それができなければ「自ら情報を得るルートを作る」ことしかありません。

原子力安全・保安院や東京電力の会見は「分かりません、確認します」「前のデータは間違っていました。訂正します」の繰り返しで、ひどくずさんなものでした。それなのに「安全です、影響はありません」とだけ言われても、多くの人はますます不安になってしまいます。危険をいち早く察知するために、目で見て分かる形での情報公開を強く求めていく必要があります。

例えば、原子力発電所の外側だけでなく、制御室、福島第一原発の場合は免震重要棟にある対策本部にテレビカメラを設置し、現場の映像を24時間見られるようにする。大事故が発生しそうな時には大騒ぎになっているでしょうから、私たちは即座に緊急事態の発生を察知することができます。

これらの情報公開がかなわないのならば、原子力発電所のサイトを監視する、あるいはＵｓｔｒｅａｍやニコニコ動画などで中継されている保安院や東京電力の記者会見、信頼できる専門家の解説を視聴するなど、自力で情報ルートの開拓につとめるべきです。インターネット中継はテレビなどで報道されない記者たちとのやりとりも見ることができるので、それなりに有益といえるでしょう。

自分で簡易型放射線測定器を用意することも意味はありますが、そのデータを得続けることはまずできません。それより電力会社の社員や原発職員（特に幹部）の家族の動きを注視した方が役に立つと思います。

できるかぎりの努力をしても、全てが「手遅れ」になる場合があります。それが原発事故というものです。もし万策尽きたとしたら、そう長くはない時間を一緒にいたい人とともに過ごすしかないでしょう。

「現実の汚染にあわせて」引き上げられた被曝限度量

それでは、今回の事故で広がっている放射能汚染と、どう向き合っていけばいいのでしょうか。ほうれん草や牛乳などの農産物からも放射性物質が検出され、出荷停止になったものもあります。大量の高濃度汚染水が海に流されていますから、海産物の被害も非常に深刻です。

法律を厳密に適用すれば、国民の1年間の被曝量が1ミリシーベルトに達しないように基準を定めなくてはなりません。ですが、もう福島の人たちの被曝量はその基準をはるかに超えているだろうと思います。

事故が起こってから、私は福島第一原発から2・4㎞の地点で採取したいろいろな試料の放射線を測ってみました。ところが、測れないんです。測れないというのは、汚染が少ないのではなくて、汚染が強すぎて放射線測定器で測りきれなくなってしまうのです。一番ひどかったのは松の葉ですが、ものすごい汚染になっています。もっともっとひどい汚染がこれから発覚するでしょう。法律で定められた1ミリシーベルトという年間被曝限度量が守られ続けるかどうか、分からない状態になることは間違いないと思います。

年間1ミリシーベルトという基準は、1万人に1人ががんで死ぬ確率の数値ですが、「それは我慢してくれ」というのが今の法律です。これが10ミリシーベルトの被曝になると、1000人に1人ががんで死ぬことになります。原子力安全委員会は、すでに放射線量の高い地域の年間限度量を20ミリシーベルトまで引き上げる検討をはじめました。「安全を考えて」基準を決めるのではなく、「現実の汚染にあわせて」基準を変えようとしているのです。

すでに、緊急時における原発作業員の被曝限度量は、100ミリシーベルトから250ミリシーベルトにまで引き上げられています。それまでの100ミリシーベルトという数字は、被曝による急性障害が出るラインが目安となっていました。それが250ミリシーベルトに引き上げられたということは「もう急性障害が出たとしても我慢してくれ」ということを意味します。

子どもに20倍の被曝を受けさせてはならない

4月19日、文部科学省は福島県内の学校の「安全基準」を提示しました。それによれば、1時間あたりの空間線量率3・8マイクロシーベルト未満の学校には、通常通り校舎や校庭を利用させるとのことです。

この「3・8マイクロシーベルト」とは、どのような根拠で決められた数字でしょうか。年間の積算被曝量を20ミリシーベルトと定め、子どもが1日8時間屋外にいることを前提として、そこから3・8マイクロシーベルトという数値を導き出したと言います。

これは正気を疑わざるをえないような高い被曝量です。まず前提となっている年間20ミリシーベルトという値自体がとてつもなく高すぎます。たびたび述べているように、日本で一般の大人が法律で許容されている被曝量は年間1ミリシーベルトです。大人よりはるかに放射線に敏感な子どもが、なぜ20倍の被曝を受けさせられなくてはいけないのでしょうか。年間20ミリシーベルトとは、原発作業員が白血病を発症した場合に労災認定を受けられるレベルです。

さすがに原子力安全委員会の一部委員も「子どもは成人の半分以下とすべきだ」と指摘しましたが、文部科学省は「国際放射線防護委員会は大人も子どもも原発事故後には1～20ミリシーベルトの被曝を認めている」と開き直っています。結局、原子力安全委員会はろくに検討もせず文科省の決定を追認しました。

なぜ文科省に法律をゆがめて子どもたちに被曝を強要する権利があるのか、私には分かりません。市民団体はもちろん日弁連も撤回を求めているほか、世界の科学者たちも非常に驚愕し抗議の声をあげています。政府部内ですら内閣官房参与の小佐古敏荘《こさことしそう》東大大学院教授が「自分の子どもにそうすることはできない」と抗議して辞任したほどです。

文科省は、基準を上回る学校では校庭を使う時間を1時間に制限し、うがいや窓閉めを奨励するなどして対応してほしいと言っています。子どもたちを自由に遊ばせられないような環境になっていることは彼らも認めているわけです。

さらに、この3・8マイクロシーベルトという数字には、放射性物質を体内に取り込む「内部被曝」は含まれていません。それを考慮に入れたとすれば、被曝量はもっと多くなるでしょう。

このひどすぎる基準は、すぐに事故が解決に向かうという甘い見通しを元に策定されていますから、事態が悪化したり処理に手間取れば当然汚染地域は拡大し、汚染のレベルも上がります。その時には20ミリシーベルトという基準さえ反故《ほご》にされる可能性があると私は思っています。

「放射能の墓場」を原発付近につくるしかない

国が無責任・不誠実な態度を取り続ける一方、福島県の自治体の中には放射能を減らす取り組みをはじめたところがあります。4月下旬、福島県郡山市は独自の基準で市内の小中学校や保育所の除染をはじめました。地表から1cmのところで放射線を測定して、毎時3・8マイクロシーベルトを超えた小中学校、毎時3・0マイクロシーベルトを超えた保育所の校庭・園庭の表土を除去することにしたのです。すでに作業が進められ、顕著な放射線量の低下が報告されています。

文科省の基準は、中学校の場合は地上から1m、幼稚園・保育園と小学校の場合は50cmの位置で測定した3・8マイクロシーベルトです。大人の被曝量は1mで測ればいいという専門家の合意がありますが、地べたを這いまわり泥まみれになる子どもたちの場合は、郡山市のように1㎝で測定した方がはるかに現実的です。放射線の量も地面に近づけば近づくほど高くなるので、除染の範囲が拡大するという積極的な効果もあります。5月中旬にはさらに基準を厳しくし、表土除去の対象を拡げました。

こういう独自の取り組みはどんどん行われるべきだと思います。被曝はあらゆる意味で危険であり、除染しないよりはした方が絶対にいい。「過剰反応」と言われようと、子どもたちのためにより安全な環境を求めて対策を行っていくことが必要です。「事態が進行中なのに除染をはじめるのは早すぎるのでは？」という指摘もあります。今後もっと多くの放射能が降ってくることを私も懸念していますが、子どもたちは今この瞬間にも被曝しています。できる限り子どもたちのまわりから放射能を除去する責任が大人にはあります。砂場の砂も入れ替える、業者に校舎の清掃を依頼するなど、被曝を減らす最大限の努力を惜しまずに続けるべきです。

しかし、この取り組みにも問題がないわけでありません。除去した土を最終的にどう処理するのかという問題が未解決のまま残されています。郡山市では、市のゴミ最終処分場に埋める予定でしたが、近隣住民の反対で実施できず、当面はそのまま現地で保管することになりました。放射能で汚染されたゴミの問題は今後ますます深刻になり、各地で住民同士の争いに発展する可能性もあります。

それを解決する唯一の方法は「放射能の墓場」を造ることしかありません。どこに造るかといえば、福島第一原発周辺です。原発周辺の汚染はあまりにもひどく、恐れずに現実を直視すれば、将来にわたって無人地帯とせざるをえない状況です。大変言いにくいことですが、おそらく周辺住民の皆さんは元に戻れないでしょう。むしろすぐに戻れるような期待を抱かせる方が残酷です。現実的な方策として、私はその無人地帯に汚染されたゴミを捨てる「放射能の墓場」を造るしかないと思っています。

汚染された農地の再生は可能か

校庭以外でも深刻な土壌汚染が続いています。最近、講演などで「原発事故で農地が汚染されていますが、再生は可能なんでしょうか」という質問をよくいただくようになりました。

結論から先に言うと、再生できないと思います。

福島の農地を汚しているー番の原因となっているのはヨウ素131です。これは半減期が8日なので、1か月も経てば10分の1以下に減ります。

しかし、セシウム137は半分に減るまで30年かかります。30年間農地を放置しておいたら、おそらく再生は不可能でしょう。郡山の学校のように汚染された表土をはぎ取ってどこかに捨てることはできるかもしれません。でも、農業においては表土こそが豊かで必要不可欠なものです。だからこれも無理です。また、はぎ取った表土をどこに捨てるのかという問題があります。これも原発の近くに「放射能の墓場」を造って処理するしかないのですが、あまりに大量すぎて捨て場を確保することは困難でしょう。ですから、結局は「何をやっても無理」ということになると思います。

もうすでに人が住めないような汚染地帯ができており、原則立ち入り禁止の警戒区域や計画的避難区域が指定されました。しかし、自分の家を捨てて避難することが本当にいいことなのかと考えると、私は悩んでしまいます。自分のふるさとが放射能で汚れたからといって、そこを捨ててどこかに行けるものなのか。

若い人や小さいお子さんは、また別の土地で新しく生活をやり直すことができるかもしれない。けれども、今までそこでずっと生きてきた高齢者が、自分のふるさとを捨てて別のところで幸せに生活できるのでしょうか。私には分かりません。

今、住民の一人一人が「選択」を迫られています。放射能を受けながらそこで生活するか、あるいは子どもだけを逃がすのか、一家でみんな逃げるか。いろいろな選択肢があると思いますが、どれも非常に苦しいと思います。その重荷は私たちが社会全体で共有し、支えていくべきものです。

若ければ若いほど死ぬ確率が高くなる

今なぜ子どもや若い人の被曝が特にクローズアップされているのかというと、被曝によって受ける被害には年齢の依存性があって、若ければ若いほど放射線の影響が強くなるからです。そのことは人間の誕生と成長を振り返ってみればすぐに分かるでしょう。一つの細胞が分裂を繰り返すことで胎児になり、人間らしい形になり、赤ん坊として生まれ、成長して大人になっていきます。その細胞分裂が活発な時期に被曝すれば、放射線によって損傷を受けた遺伝子もどんどん複製されていくことになります。それで小児がんや白血病が引き起こされるのです。

同じ量の放射線を浴びるのであれば、大人よりも子どものほうが被害を多く受けます。20～30歳代の大人に比べれば、赤ん坊の放射線感受性は4倍にも高まります。

放射線被曝を受けた場合の年齢別危険性

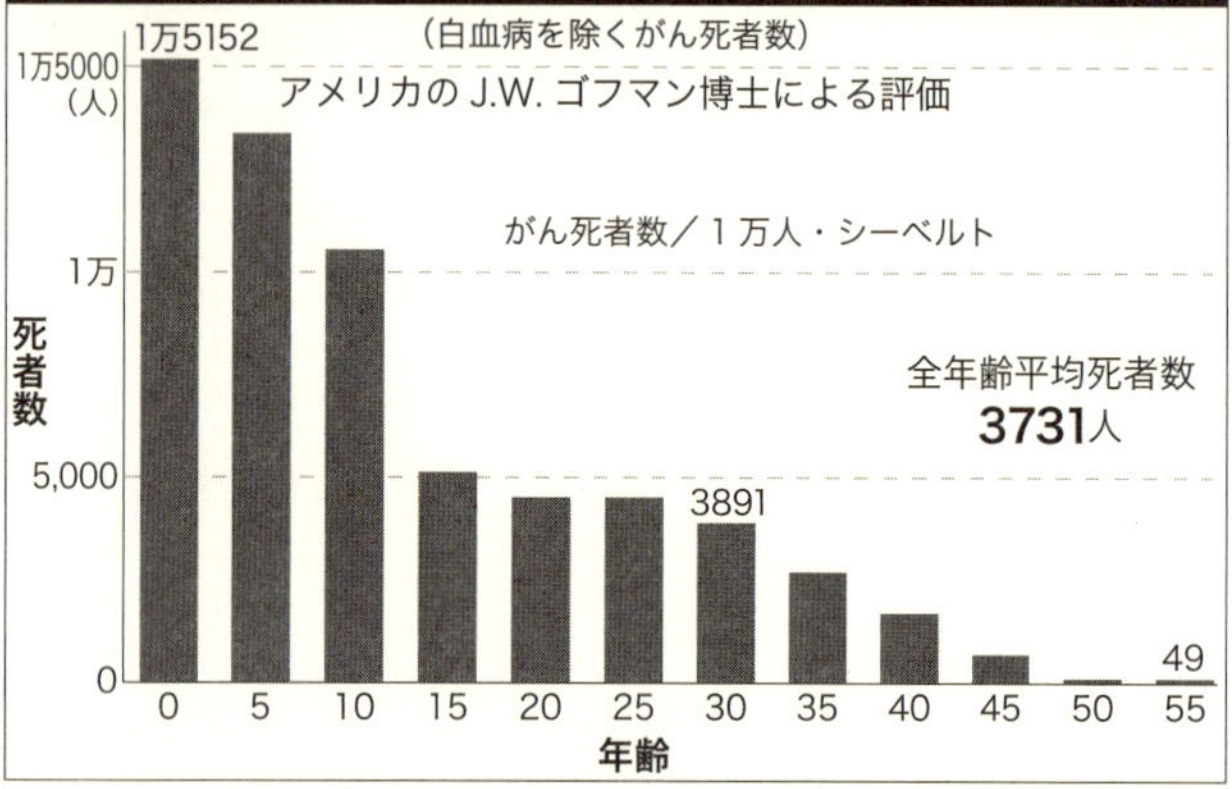

逆に年をとればとるほど放射線の影響は少なくなっていきます。平均的な放射線感受性を持つのは30歳ぐらいの人とされていますが、徐々に放射線に対して鈍感になっていき、50歳になると放射線によるがん死の可能性は劇的に低下します。

高齢になると被曝の影響を受けにくい。この事実が子どもたちを守ろうとする時に大きな武器になります。

子どもたちの被曝を減らすために私が提案したいのは「大人や高齢者が汚染された食品を積極的に引き受ける」ことです。学校給食などは、徹底的に安全にこだわらなければなりません。政府は「暫定基準値」を設けてそれを超えた食品を出荷停止にし、超えなければ「安全」と見なしていますが、それは明らかなウソです。「レベルが低いから安全」なんてことは絶対にありません。

今となっては、食物の汚染は避けようがないのです。しかし、もし私たち日本人が福島や北関東の野菜を食べなければ地域の農業が崩壊してしまいます。同じように漁業も崩壊するでしょう。ではどうすればいいのか。私だって放射能に汚染された食べ物を食べたくはありません。皆さんもそうでしょう。でも、もう汚れてしまったのです。

チェルノブイリ事故後、ソ連国内とヨーロッパの食べ物は強い汚染を受けました。それを知った日本人は、「汚染された食品は食べたくない」と、国に輸入規制を求め、日本はセシウム134と137の合計で370ベクレル/kg以上のものは国内に入れないようにしました。しかし日本人が食べないからといって汚染した食料がなくなるわけではなく、それらは原子力の恩恵など全く受けていない、貧しい食料難の国々に流れていきました。

私たちはエネルギーを膨大に使える社会があたかも〝豊か〟であるかのように思い、地域の農業や漁業を崩壊させてきました。その象徴が原子力だと私は思います。その原子力が事故を起こした現在、さらに農業と漁業を崩壊に追いやってしまえば、事故から何の教訓も汲み取らないことになります。

繰り返しになりますが、私の結論はこうです。

どんな汚染でも生じてしまった以上は拒否してはいけない。「汚染されている事実」をごまかさずに明らかにさせたうえで、野菜でも魚でもちゃんと流通させるべきだということ。そして「子どもと妊婦にはできるだけ安全と分かっているものを食べさせよう。汚染されたものは、放射線に対して鈍感になっている大人や高齢者が食べよう」ということです。

被害を福島の人たちだけに押し付けてはならない

私は40年間、危険な原発を止めようと努力してきました。しかし、止めることはできませんでした。その責任が私にはあります。皆さんは「原子力のことなんて何も知らなかった」「自分には何の責任もない」「安全だと言ってきた政府と電力会社が悪い」と思うかもしれません。しかし、だまされた人にはだまされた人なりの責任があります。もちろん政府や電力会社の責任は重大ですが、今日まで原発を容認してきた責任というものが私たち大人にはある。

それに、都市部の人たちは圧倒的な人口と経済力を背景に、これまで過疎地に危険な施設を押し付けて〝豊かな生活〟を謳歌してきたのです。被害を福島の人たちだけに押し付けてはならない。

マスコミは「暫定基準値を下回っているから大丈夫」としか言っていませんが、基準値以下だから安全だということは絶対にありません。なぜ消費者に分かるように、一つ一つの食品についての「汚染度」を表示しないのでしょうか。汚染度を表示しさえすれば、個々人が自分の判断で「食べるか食べないか」を決めることができます。自分の命にかかわる基準を他人に決めてもらう今のやり方は、根本的に間違っています。

大事なのは、「自分の被曝を容認するかしないかは、自分で決める」ということです。政府や一部の専門家は「容認できるレベル」の被曝なら何の問題もないようなことを言っていますが、惑わされてはいけません。

第四章　原発の〝常識〟は非常識

原発が生み出した「死の灰」は広島原爆の80万発分

「原子力発電」というと、高度な科学技術を用いた難しい発電方法のようなイメージがあるかもしれません。しかし面倒くさいことは基本的にやっていないのです。単に「お湯を沸かす」という、それだけです。

火力発電所と比べるのが分かりやすいでしょう。火力発電は、まずボイラーで石油、石炭、天然ガスを燃やし、水を温めて沸騰させます。そこから噴き出してきた蒸気で「タービン」という羽根車を回し、それにくっついている発電機で電気を作ります。みなさんもご自宅でお湯を沸かすことがあるでしょう。やかんをガスコンロにかけて水を沸騰させると、やかんの口から勢いよく蒸気が出てきます。笛吹きケトルだとかなりの音量で「ピー!」と鳴りますよね。それと同じ原理です。蒸気の力で風車を回して発電するだけのことです。

それでは原子力発電はどうでしょうか。基本的には同じです。圧力釜の中にウランという燃料を入れて、それを核分裂させます。そうすると非常に高い熱が出て、水が沸騰する。そこから出る蒸気でタービンを回して発電する……ただそれだけ。「お湯を沸かして電気

原子力発電と火力発電は湯沸かし装置

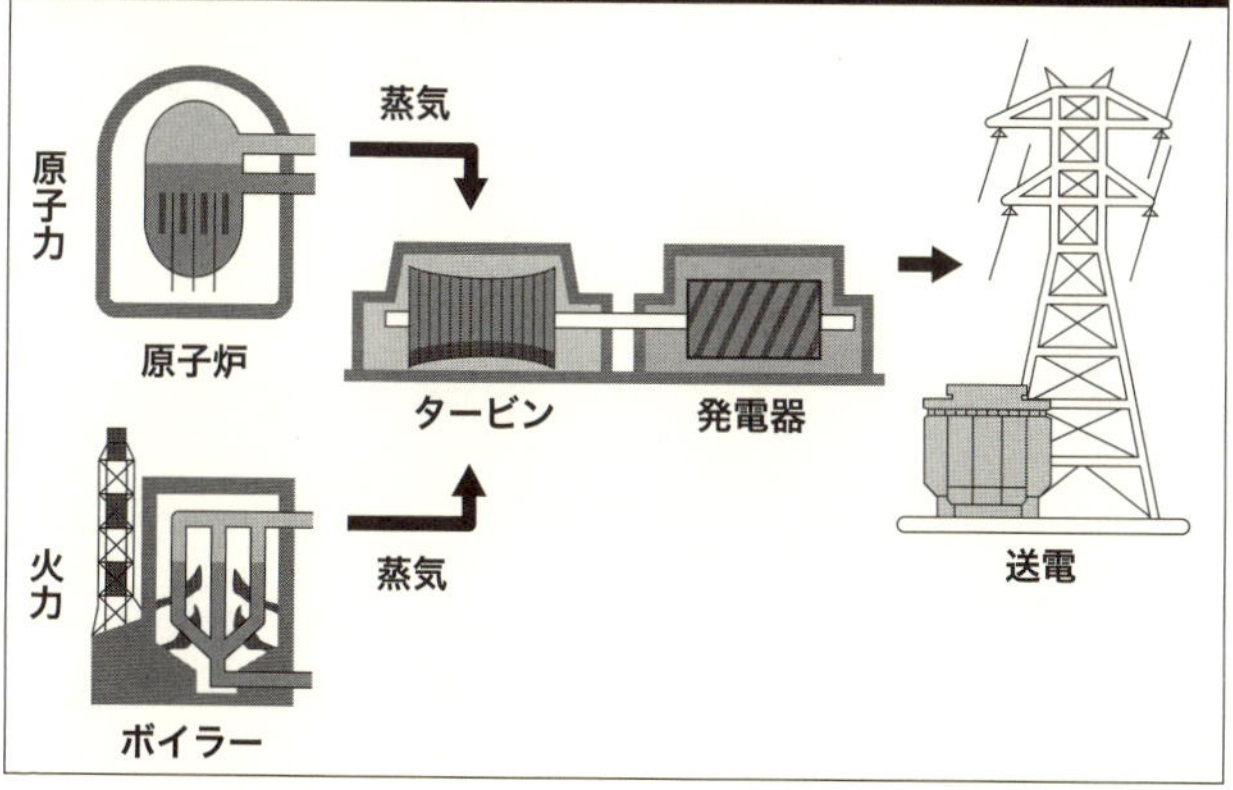

を作る」という点では何ら変わりません。

では、原子力発電と火力発電は何が違うのでしょうか。地図を開いてみればすぐ分かりますが、火力発電所は全国どこにでもあります。東京湾にはたくさんの火力発電所が並んでいますし、大阪湾もそうです。

しかし、原子力発電所は東京にも、大阪にも、名古屋にもありません。電気をたくさん使う大都会や工業地帯に発電所を造れば便利なはずです。わざわざ何百㎞も離れた過疎地に発電所を建て、長い送電線を敷いて都会に電気を送るのは、いかにも効率が悪すぎます。

それなのに、東京電力の福島第一・第二原発や柏崎刈羽原発は東京から遠く離れた東北電力のエリアに建てられました。さらに東京電力は

東京電力の送電系統図 ※東京電力資料をもとに作成

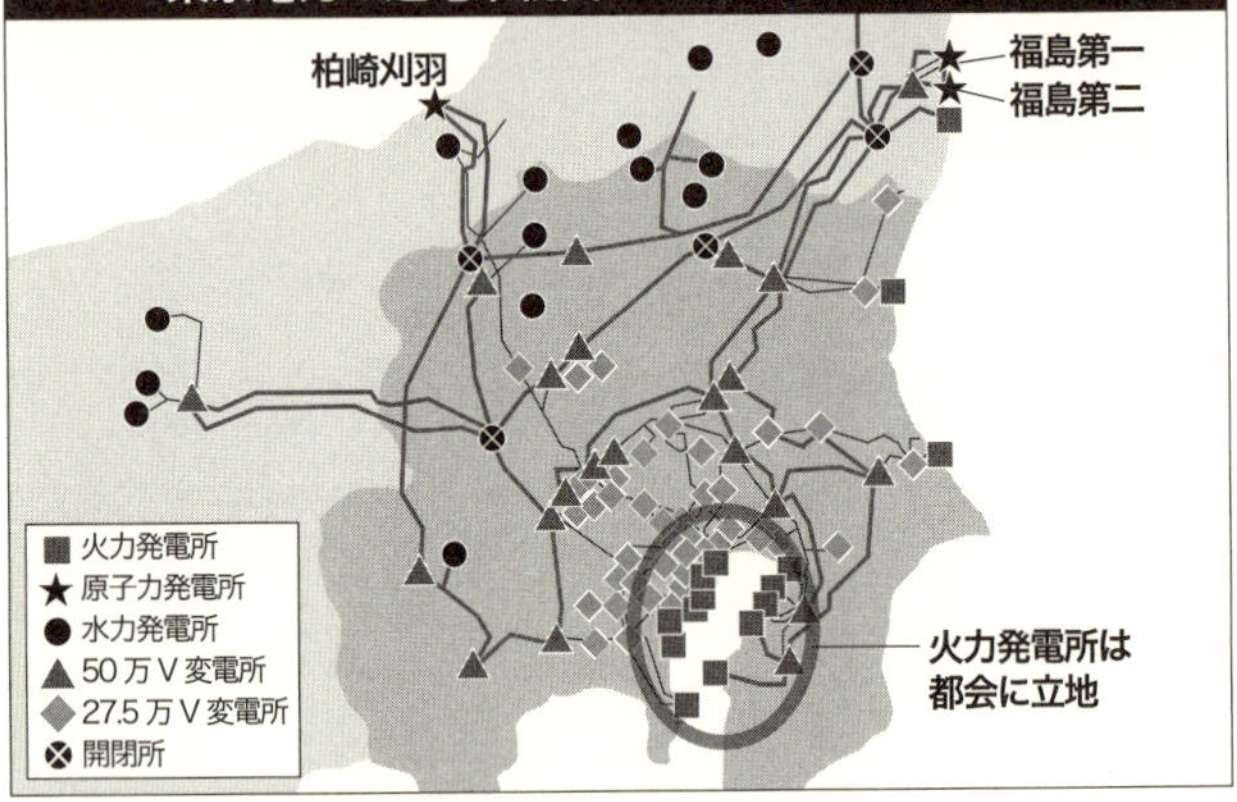

事故前の2011年1月、青森県の下北半島に東通原発1号炉の建設を始めています（現在は中断）。関西電力も11基の原発を関西圏に造ることができず、北陸地方の福井県若狭湾に林立させています。なぜこんなに遠くにばかり原発をつくるのでしょうか。

理由は簡単です。原子力発電所で燃やしている（つまり、核分裂させている）燃料がウランだからです。ウランを燃やせば必ず「核分裂生成物」、つまり「死の灰」ができてしまいます。私たちが二酸化炭素と灰を出さずに物を燃やすことができないように「死の灰」を出さずにウランを燃やすことはできません。電気は作るけれども同時に「死の灰」も作る。原子力発電の抱えている危険の「根源」は、ここにあります。

日本の原発

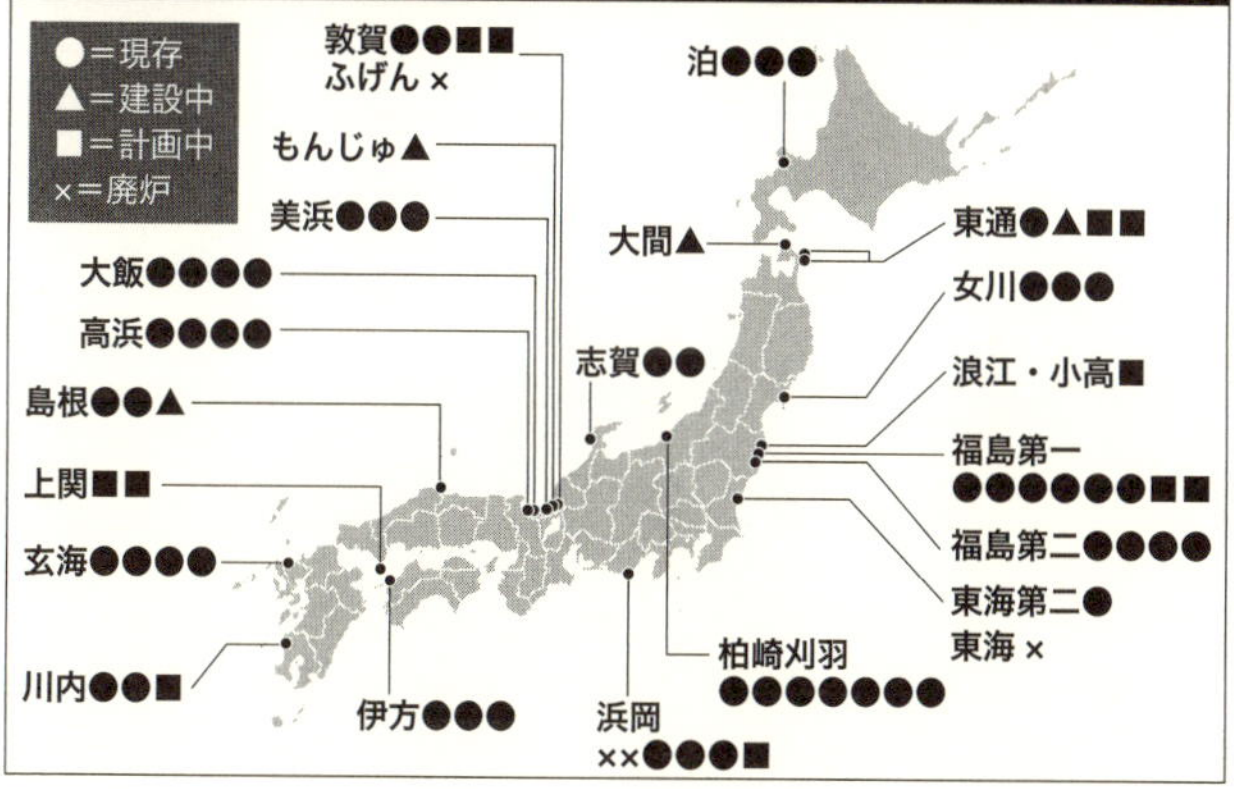

政府や電力会社は、福島の事故が「想定外」だったと強調しています。しかし彼らは原子力発電所に事故が起これば大惨事になることをはじめからよく知っていました。だから東京電力は自社の給電範囲に火力発電所は建てても、原子力発電所だけは絶対に建てませんでした。そんな危険なものを人口の多い地域につくることはできない、人口の少ない田舎に押し付けてしまえ、というわけです。

それでは、日本の原子力発電はこれまでどれくらいの電気を作り、また同時に「死の灰」を作ってきたのでしょうか。今日まで日本の原発が生み出してきた電気の総量は7兆kW時に達します。想像もつかないぐらいのすごい量ですが、原子力でそれだけの電気を作ったということは、その分確実に「死の灰」もできているということです。

それが今や積もりに積もって、広島原爆の約120万発分に達するほどになりました。放射能の減衰を考慮に入れても現在のところ80万発分を超えています。日本のあちこちに広島を壊滅させた原爆の80万倍もの「死の灰」がたまっている。

福島第一原発の事故は、そのごくごく一部が飛び出してしまったものにすぎません。たったそれだけのことで、安心して水も飲めない、空気も吸えないようになってしまう。本当に原発は恐ろしいものなのです。

国も電力会社も危険だということはよく分かっていた

東京電力以外の電力事業者も同じことをしています。例えば東北電力は、最大の電力消費地である仙台に火力発電所を建てましたが、原子力発電所は直線距離で60㎞も離れた女川に建てました。

1966年に運転開始した日本で最初の原子力発電所・東海原発から始まって、敦賀、美浜、島根、高浜、浜岡、玄海、伊方、大飯……。関東平野は全て素通り、大阪湾の周辺も素通り、名古屋の周辺も素通りです。

　電力会社は、勝手に好きな場所に原発を造っているのではありません。国の原子力委員会が定めた「原子炉立地審査指針」に基づいて立地を選定しています。「指針」に掲げられた三条件は「原子炉から一定の範囲内は非居住区域であること」「その外側は低人口地帯であること」「原子炉敷地は人口密集地帯から離れていること」です。もし本当に原発が安全なら、こんな条件を掲げる必要はありません。電力の大消費地である大都市に建設したほうがずっと効率がよいのですから。

　もしも事故が福島ではなく、東京や大阪、あるいは名古屋で起こっていたらどうなっていたでしょうか。人口密集地帯や工業地帯が立ち入り禁止区域になるわけですから、ものすごい数の人たちが住まいや仕事を奪われます。大企業といえども連鎖倒産するでしょう。被曝者の数もはるかに多くなることは確実です。福島の事故でさえ被災者に支払う補償は前例のない巨大な金額になるのですから、大都市圏で原発事故が起きれば間違いなく国そのものが破滅するほどの被害が出ていました。

　政府や電力会社はそのことをよく分かっていたからこそ、新潟や福島の原子力発電所から東京まで電気を送るという、効率の悪いことをしてきたのです。

電力会社が責任をとらないシステム

「原子力発電はきわめて危険である」という事実は、何も最近になってはじめて分かったわけではありません。すでに1950年代の米国で、原発事故が引き起こす災害について詳細な検討が加えられています。米国初の原子力発電所（ペンシルベニア州のシッピングポート原発）を稼働するために、どうしてもリスクを計算しておく必要があったからです。

かつて存在した米国原子力委員会（AEC）という機関がその任にあたり、その結果が1957年3月「大型原子力発電所の大事故の理論的可能性と影響」（WASH－740）として公表されました。その結論は次のようなものです。

「最悪の場合、3400人の死者、4万3000人の障害者が生まれる」

「15マイル（24㎞）離れた地点で死者が生じうるし、45マイル（72㎞）離れた地点でも放射線障害が生じる」

「核分裂生成物による土地の汚染は、最大で70億ドルの財産損害を生じる」

70億ドルを当時の為替レート（1ドル＝360円）で換算すれば2兆5000億円。その年の日本の一般会計歳出合計額は1兆2000億円しかありませんから、原子力事故がいかに破局的か理解できます。しかもこのレポートは電気出力約17万kWの原子力発電所を対象にしており、福島第一原発1号機単体の約46万kWと比べても小規模であることを念頭に置く必要があるでしょう。

個々の電力会社にこのような巨額の損害を補償できるわけがないし、そんなリスクをわざわざ背負いたい会社はありません。このままでは誰も原子力発電をやってくれなくなるので、米国政府は電力会社の負担を軽減する対策を立てました。たとえ破局的事故が起きたとしても、電力会社が損害の全てを賠償しなくて済むようにしたのです。破局的事故とは、まさに今福島で起きているような事故がそれにあたります。

どうやって賠償しなくて済むようにしたのかというと、法律を作って「事故が起こった時にはこの金額まで賠償する」という上限額を定めました。1957年の調査で原発事故の破局性が発覚するや、米国議会はただちに損害賠償制度の創設を審議し、同年9月に「プライス・アンダーソン法」を成立させます。この法律で事故の賠償責任を一定額に制限したことで、12月のシッピングポート原子力発電所の運転開始を迎えることができたのです。

その後、日本も米国をまねて大事故の損害評価試算を行いました。その結果は1960年に「大型原子炉の事故の理論的可能性及び公衆損害に関する試算」としてまとめられましたが、米国の調査と同様に破局的な内容でした。そこで日本政府も電力会社を原子力開発に引き込むため法的保護の整備に着手し、1961年に「原子力損害賠償法」を制定します。それがあってイギリスから原子炉を購入し、最初の原発である東海1号炉を運転できるようになりました。

原子力損害賠償法が最初に設定した賠償措置額は50億円。「それ以上の被害が出たら国が国会の議決を経て援助を行う」と定めています。この法律はほぼ10年ごとに見直されており、2009年にも改定されて賠償措置額は1200億円になりました。

1200億円というと私たちからすれば想像もつかない大金ですが、電力会社は「どうせ保険だし、それで済むなら原子力発電をやってみるか」と思ったのでしょう。ただし「それ以上の賠償金は国で支払ってくれ」ということにして、今日までやってきたのです。逆に言えば、もし全ての被害を電力会社が賠償する制度だったら、原子力発電をやろうとはしなかったはずです。

日本は資本主義社会です。企業には「お金を儲ける自由」が認められていますが、そのかわり何らかの事故を起こして誰かに損害を与えた場合、「自分たちで補償する」のが原則です。ところが原子力発電は「電力会社は事故時の賠償金を全額払わなくてもよい」という、本当におかしなシステムのもとに成り立っているのです。

結局、事故の補償をするのは国民自身!?

その上、この法律には「異常に巨大な天災地変または社会的動乱」で事故が起こった時は責任を取らなくてもいいと書かれています。

4月28日、東京電力の清水正孝社長は、今回の原発事故が「この免責理由に当てはまりうる」との見解を述べました。暗に「自分たちではなく国が全て賠償すべきだ」と言っているのです。東京電力は、この原子力災害が自分たちの怠慢や甘さによって起こったことを、内心では認めていないのではないでしょうか。

今回の大震災は確かに異常に巨大な地震、異常に巨大な津波でした。でも、東京電力の責任で動かした原子力発電所が事故を起こしたのに、どうして私たちの税金が使われるのでしょうか。もちろん被災者は必ず救わなければいけないけれども、本当に責任のあるのは東京電力のはずです。

さすがに政府は「東京電力の損害賠償免責はありえない」「一義的には東京電力に責任がある」と言っていますが、5月13日に正式決定した賠償スキームによれば、東京電力の存続を前提として「原発賠償機構（仮称）」を作り、他の電力会社の資金拠出や公的資金投入で賠償支援を行うことになっています。また、「電力の安定供給に支障が生じる場合は国が補償を肩代わりできる」という条項も盛り込まれました。つまり原子力を推し進めてきた体制を何の反省もなしにそのまま維持し、全国民に電気料金値上げと税金の形で事故の責任を押しつけようとしているのです。

原発を造れば造るほど儲かる電力会社

電力会社は慈善団体ではありませんから、単に損害賠償から免責されるだけでは原子力発電に手を染めたりしないでしょう。「利益」が出る成算があってはじめて本腰を入れることになります。これまで原子力が推進されてきた一番の動機、それは何といっても個別企業つまり電力会社の利益です。

電力会社の収入は電気料金ですが、実は、電力会社は原発を造れば造るほど電力料金を値上げできるシステムになっているのです。そこには次のような「カラクリ」があります。みなさんご存知の通り、日本の電力会社は「独占企業」です。私たちは電気を自分の住んでいる地域の電力会社からしか買うことができません。東京の人は東京電力からしか買えないし、大阪の人は関西電力からしか買えない。

私たちは魚を買おうと思ったら、魚屋でもスーパーでも通信販売でも買えるし「瀬戸内海の魚がいい」とか「北海道の魚が欲しい」とか、好みのものを選ぶことができます。ほとんどの品物は、消費者が「どっちが安いか」「どっちが美味しいか」などを考え、自分でいろいろ選択できる。しかし、電気はそれができません。

資本主義社会では、商品の価格は市場原理で決まります。価格が不当に高い製品は生き残ることができません。ところが日本では一つの会社からしか電気を買うことができないので、いくら料金が高くても消費者はそれを買わざるをえないのです。こういった独占構造の中で、電力会社は電気事業法で「利潤」を出すことが保証されています。

電力会社も会社である以上、必要経費がかかります。減価償却費、営業費、それに税金も支払わなくてはなりません。その必要経費に利潤（事業報酬）を足したものが「総括原価」と呼ばれるもので、この額が全て電力会社の懐に入るように電気料金を決めることになっています。つまり、電力会社は何をやったとしても絶対に損はしません。

それでは、電力会社はどうやってこの利潤を獲得するのでしょうか。

普通の会社は汗水たらして少しでもいい商品を作り、それをたくさん買ってもらうことによって儲けを出します。

ところが電力会社は違います。「レートベース」というものに「報酬率」という一定のパーセントを掛けて利潤を「決める」のです。

では、その「レートベース」とはいったい何でしょうか。要するに電力会社が持っている「資産」のことです。「資産の何％かの額を自動的に利潤として上乗せしていいですよ」ということが、法律でおおっぴらに認められているわけです。

ここで原発が大活躍します。原子力発電がこの「資産」をたくさん増やしてくれるのです。原発は建設費が膨大で、１基造ると５０００億円、６０００億円。核燃料も備蓄できるし、研究開発などの「特定投資」も巨額です。

それら全てが「資産」となって、利潤を決める際のベースをつり上げてくれます。つまり原子力発電をやればやっただけ、原発を建てれば建てただけ、電力会社は収入を増やすことができる。とにかく巨費を投じれば投じるほど電力会社が儲かるシステムです。そのため、夢中になってこれまで原子力を推進してきました。

当然ですが、その利潤は電気料金に上乗せされるので、私たちの支払う分はどんどん高くなっていきます。そうこうしているうちに、今や日本の電気料金は世界一高くなってしまいました。

電力会社はもちろん大喜びでしょうが、消費者、そして企業にとっては大きな負担です。特に日本経済を支えている企業に対する打撃は破壊的と言っていいでしょう。激しい国際競争を戦っている日本企業は、勝ち抜くために少しでもコストを下げなくてはいけません。

ところが世界一の電気料金が容赦なく重くのしかかってきます。

そのせいでダメになる産業まで出てきました。例えば、世界一優秀な技術を持つと言われていた日本のアルミ精錬産業。これは非常に電力を必要とする産業だったので、電気料金の重荷に耐えきれず、ことごとく潰れてしまいました。世界のアルミ需要はその後急激に伸びており、日本は巨大ビジネスチャンスを喪失した格好になります。

原発のコストは安くない

また、これまで政府や電力会社は一生懸命「原子力発電はコストが安い」と宣伝してきましたが、それは大きなウソです。原子力発電のコストは高いのです。

立命館大学の大島堅一さんは、有価証券報告書を調べて実際この40年間で発電にどのぐらいのコストがかかったのかを計算しました。

電源別発電総単価（単位：円／kWh）1970～2007年度

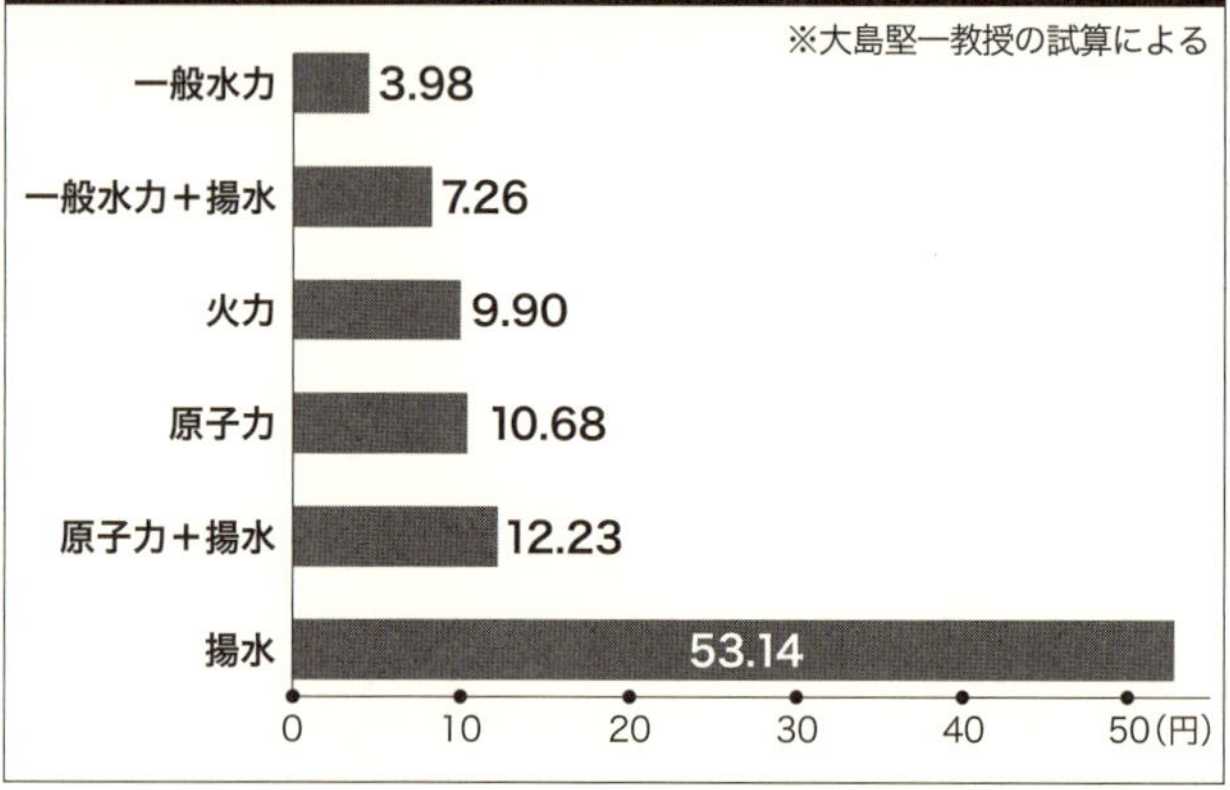

電力会社などが主張している原発の安いコストは、実は一定のモデルで算出された金額にすぎず、現実を反映していません。発電に直接要する費用に再処理などの費用、そして開発や立地に投入される国の財政支出などを合わせると、実際のコストは水力や火力より高くなってしまうのです（図参照）。

図にある「揚水発電」とは、主に原子力発電のために存在している施設です。原子力発電は小回りがきかず、一度運転し始めたら1年は稼働率100%でずっと発電し続けます。夜間は消費電力が減りますが、止めることができないので電気が余ってしまいます。仕方がないので、余った電気を消費するために「揚水発電所」というのを造ります。上と下に池を造り、夜に余った電気で下の池から上の池に水をくみ上げておき、電気をたくさん使う昼間に上の池から下の池に水を落として発電するのです。

そのたびにエネルギーを3割ロスしていくという非常にばかげた〝電気を捨ててしまう〟発電所ですが、この発電単価が桁違いに高い。でも、これは原子力発電のために必要なものですから、その分を上乗せして計算するとさらにコストは高くなります。「原子力発電が安い」なんていうのは全くのウソなのです。

大量の二酸化炭素を出す原子力産業

地球温暖化防止が叫ばれるようになって以来、政府や電力会社は「原子力は二酸化炭素を出さず、環境にやさしい」「地球温暖化防止のために原子力は絶対に必要」と宣伝してきました。電力会社のパンフレットにもそう書いてありますし、マスコミを使ってのPR活動でもさかんにそう主張しています。原子力発電はウランやプルトニウムの核分裂現象を利用します。確かに核分裂は通常の物が燃える時に二酸化炭素を出す現象とは異なりますから、そのことを強調して「原子力は二酸化炭素を出さない、だから原子力を使おう」と言ってきたわけです。

ところが、どうも最近様子が変わってきました。どうなったかというと「原子力は『発電時に』二酸化炭素を出さない」と表現するようになってきたのです。「発電時に」という言葉がいつの間にか滑り込んできました。私じゃなくて、日本の国や電力会社がそう言うようになったんです。どこかおかしいと思いませんか。

実は、原子力発電も二酸化炭素を出しています。それも、おびただしい量を出しています。そのことは、原子力発電がトータルでどういう作業をしているかを見ればすぐに分かります。

今日では標準的になっている100万kWという原子力発電所を一年間動かすためにはどういう作業が必要でしょうか。

原子力発電所を動かすと、1年間に70億kW時という電気が出てきます。これが原子力発電から得られるメリットです。しかし原子力発電所を動かそうとするなら、発電所を建てるだけでは済みません。まず燃料が必要です。その燃料はウラン鉱山からウランを採掘して運んできます。運んできたウランはそのままでは発電に使えないので、製錬所に運んで「製錬」します。

まだ終わりません。製錬したウランを、今度は原子炉で燃やすことができるように「濃

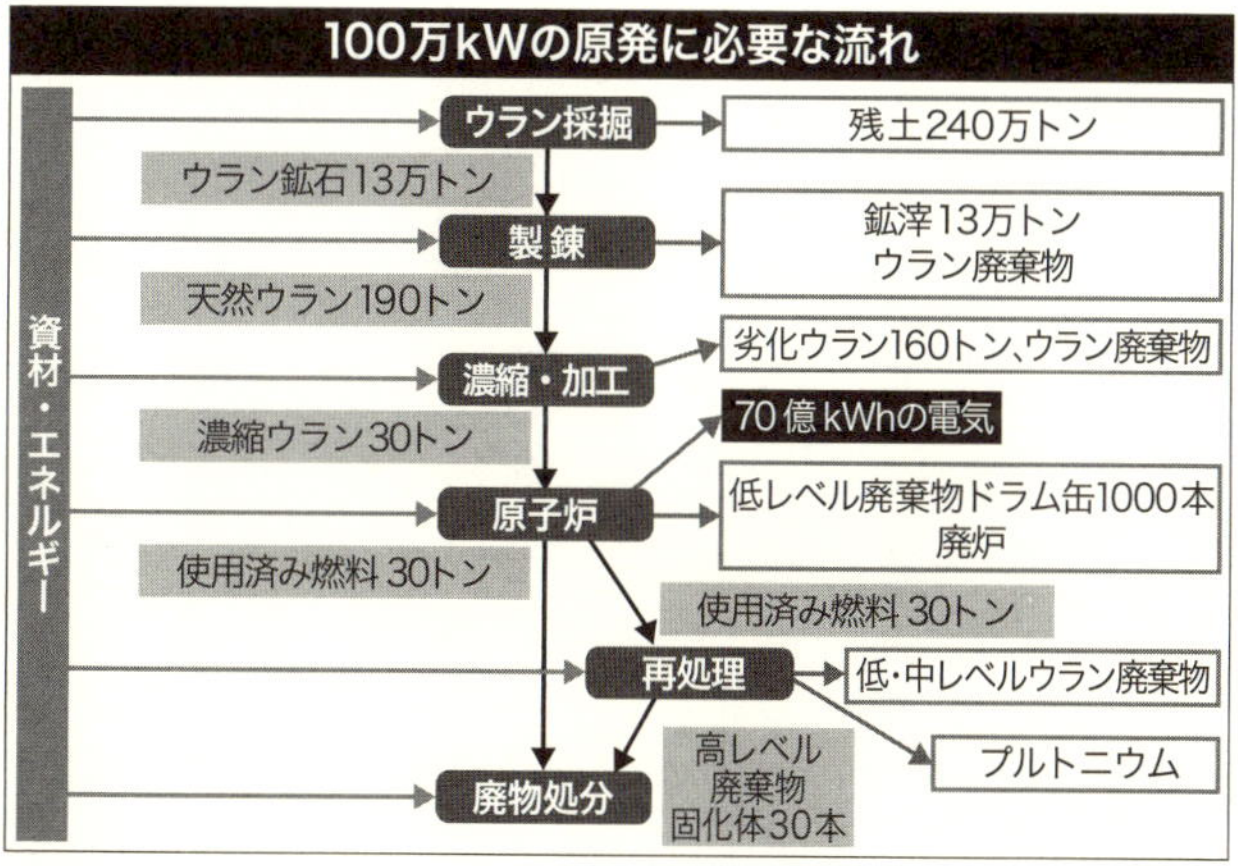

縮」します。一口にウランといっても、その中には燃えるウランと燃えないウランが存在しています。大部分は燃えない＝核分裂しない「ウラン２３８」で、燃える＝核分裂する「ウラン２３５」はわずかに全体の０・７％しかありません。そこで燃えるウラン２３５を集める作業が必要になります。これが「ウラン濃縮」です。

さらにそのウランを「加工」して燃料ペレットにし、それから燃料棒の形にしなくてはなりません。ようやくここにきて原子炉の中で使える燃料ができあがります。

もうお気づきだと思いますが、それぞれの工程で実に莫大な資材やエネルギーが投入されています。そして、これらの採掘、運送、製錬などに使われるエネルギーは、ほとんどが石油などの化石燃料です。そうすると原子力発電所が動くまでに、すでにたくさんの化石燃料を燃やして二酸化炭素を出してしまっていることになります。

さらに、原子力発電所を建てるのにも、たくさんの二酸化炭素を出します。原発というのは外は巨大なコンクリートのお化け、中は鋼鉄のお化けです。この莫大なコンクリートや鋼鉄は、大量の二酸化炭素を出しながらでないと作ることはできないし、工事で出す二酸化炭素もおびただしいものがあります。

このような明らかな事実がありますから、国や電力会社も「原子力発電は二酸化炭素を出さない」と言い続けることができなくなり、「発電時に出さない」という表現に変えざるをえなくなりました。しかし、これでもまだウソです。科学的に正しく言うならば「ウランの核分裂反応は二酸化炭素を出しません」とだけ言わなければなりません。

JAROの裁定を無視して続けられた「エコ」CM

そもそも核分裂反応は二酸化炭素のかわりに「死の灰」を毎日生み出し続けます。「発電時に二酸化炭素を生まない」という点だけを強調して、二酸化炭素よりもはるかに直接的に私たちの生命を脅かす「死の灰」の危険性に目をつぶるような議論は、根本から間違っていると思います。

これまで原子力は「クリーン」であるとか「エコ」であるとか、マスコミ、ミニコミその他のあらゆる手段を使って四六時中宣伝されてきました。このような宣伝の洪水に晒されれば、多くの日本人がそれを信じてしまうのも無理はないかもしれません。

ところが、このような宣伝に違和感を持ったある一人の若者が、日本広告審査機構（JARO）に宣伝の正当性についての審査を求めました。JAROは専門家による審査委員会を作って検討し、2008年11月に次のような裁定を下しました。

「今回の雑誌広告においては、原子力発電あるいは放射性降下物等の安全性について一切の説明なしに、発電の際に二酸化炭素を出さないことだけを捉えて『クリーン』と表現しているため、疑念を持つ一般消費者も少なくないと考えられる。今後は原子力発電の地球環境に及ぼす影響や安全性について十分な説明なしに、発電の際に二酸化炭素を出さないことだけを限定的に捉えて『クリーン』と表現すべきではないと考える」

当然の裁定だと思いますが、JAROは社団法人で強制力を持っていないため、政府と電力会社はその裁定を無視して宣伝を続けてきました。しかし、すでにお分かりのように原発は「エコ」でも「クリーン」でもなく、温暖化防止にも役立ちません。発電時以前に化石燃料を大量に浪費している存在なのです。

地球を温め続ける原発

それればかりではありません。原発は二酸化炭素よりももっと直接的なやり方で環境を破壊しています。

私は原子力を勉強するために工学部の原子核工学科に入学しました。そこでは、いろんな人たちが私に原子力の知識を与えてくれましたが、恩師と呼ぶような人はほんの数人しかいません。その数少ない一人に、当時東京大学の原子核研究所で助教授をされていた水戸巌さんという方がいます。その水戸さんが、ある日私にこう言いました。

「今、原子力発電所と呼ばれているものがある。でも、あれを原子力発電所と呼ぶのは間違いだ。『海温め装置』と呼びなさい」

水戸さんはそう言いました。

今日の標準的な原子力発電所の発電量は100万kWですが、それは電気になった部分だけの話です。実は、原子炉の中では全部で300万kWもの熱が生み出されています。そのうち、わずか3分の1だけを電気に変えて残りの3分の2は捨てているのです。

どこに捨てているのかというと、海です。海水を原子力発電所の中に引き込んできて、それを温めてまた海に戻すことで原子炉の熱を捨てています。どのくらいの量かというと、1秒間に約70トン。1秒間に70トンの海水を引き込んで、その温度を7℃上げ、また海に戻しています。

３００万kWの熱を出して、3分の1だけを電気にして、3分の2は海を温めている。だから水戸さんは原発を「海温め装置と呼びなさい」と言いました。その教えを今も私は心に刻んでいます。

1秒間に70トンの流量というのは、どのぐらいでしょうか。青森県に岩木川という大きな川がありますが、その1秒間あたりの流量が約73トンです。しかも、原発の川は温度が7℃高い。

「温度が7℃高い」というのは、どういうことでしょうか。皆さんにも自分の好きなお風呂の温度があると思います。ぬるめの風呂が好きな人は40度くらい、熱い風呂が好きな人でもたぶん43℃とか、せいぜいそのぐらいだと思います。お風呂に入った時に温度を測ってみて、7℃温度を上げたらどうなるか試してみて下さい。決してそのまま入っていられなくなります。それほど、7℃という温度は高いものです。それが巨大な流量で海に流れ込んでいる。

当然、その近辺の海にはたくさんの生き物が住んでいます。そこに突然岩木川に匹敵するような大きな川が現れて、7℃も温度の高い水を流し込んだらどうなるでしょうか。その環境に住んでいた生物たちは生きていけなくなってしまいます。

日本は自然豊かな国で、国土の6割が森林です。「どうしてそんなに緑が豊かなのか」というと、雨がたくさん降るからです。日本は世界各国の中でも有数の雨の多い国で、そのおかげで私たちは自然の恵みを受けて生きることができます。

日本の約37万8000㎢の国土には、1年間で約6500億トンの雨が降ります。その一部分は蒸発してなくなり、一部分は地面にしみ込んで地下水になります。そして残りが川になって流れていくわけですが、その川の流量は全部で約4000億トンです。私が今住んでいる大阪の淀川も含まれますし、荒川も多摩川も含まれます。もっと大きな信濃川とか石狩川も全部含めて、1年間に流れる水量が4000億トン。

では、日本には現在54基の原子力発電所がありますが、それらから流れてくる7度温かい水がどれくらいあるかというと、約1000億トンです。

これで「環境に何の影響もない」というほうが、むしろおかしいと思いませんか。現に日本近海は異常な温かさになっているのです。温暖化が地球環境に悪いというなら、このような「海温め装置」こそ、真っ先に廃止しなくてはいけない。私はそう思います。

第五章　原子力は「未来のエネルギー」か？

「資源枯渇の恐怖」が原発を推進してきた

原子力発電はこんなに恐ろしいものなのに、それに魅せられ、推進したがる人たちがいるのはなぜでしょうか。その理由の一つに、原子力が作り出す強大なエネルギーの「魔力」があると思います。

ウランの核分裂反応は、ナチスの支配するドイツで最初に発見されました。1938年の暮れも押し迫った頃です。その反応は普通の化学反応に比べて桁違いに大きいエネルギーを放出していることがすぐに分かりましたし、爆弾に利用すればきわめて強力なものになることも、すぐに分かりました。

ナチスの迫害を逃れて米国に亡命したアインシュタインら優秀な科学者たちは、ルーズベルト大統領に「ナチスに先んじて原子爆弾を作るべき」と進言し、原爆製造計画「マンハッタン計画」が始動します。

もちろん、ナチス・ドイツや米国だけでなく世界中の物理学者が原子爆弾の可能性を理解し、日本でも原爆を作る研究が進められました。それでも豊かな資源に恵まれ、第二次世界戦争の主戦場とならなかった米国だけが原爆を作り上げる能力と条件を持っていたのです。

マンハッタン計画には総額20億ドル、当時の日本の一年間の国家歳出に相当するお金がつぎ込まれ、ニューメキシコ州の秘密都市・ロスアラモスに5万人とも10万人ともいわれる科学者・技術者・労働者を閉じ込めて原爆を作り上げていきました。

それが炸裂したのが広島・長崎です。広島では推定14万人、長崎では7万人の人々が短期間のうちに死亡し、生き延びた人々も「ヒバクシャ」というレッテルを貼られて暮らすことになりました。

しかし、原爆が示したその強大な爆発力への恐怖は、しだいに「未来のエネルギー源」としての大きな期待に転化していきます。

その期待の背後には、近い将来に「化石燃料が枯渇するのではないか」という懸念がありました。日本の原子力開発が始まった当時、１９５５年12月31日の『東京新聞』は次のように原子力発電の未来を描いています。

※　　※　　※

「三多摩の山中に新しい火が燃える。工場、家庭へどしどし送電。さて原子力を潜在電力として考えると、まったくとてつもないものである。しかも石炭などの資源が今後、地球上から次第に少なくなっていくことを思えば、このエネルギーのもつ威力は人類生存に不可欠なものといってよいだろう。……電気料金は2000分の1になる。……原子力発電には火力発電のように大工場を必要としない、大煙突も貯炭場もいらない。また毎日石炭を運びこみ、たきがらを捨てるための鉄道もトラックもいらない。密閉式のガスタービンが利用できれば、ボイラーの水すらいらないのである。もちろん山間へき地を選ぶこともない。ビルディングの地下室が発電所ということになる」

※　※　※

この記事の後半部分が完全な誤りだったことは皆さんご存知の通りです。電気料金は2000分の1になるどころか、どんどん高くなって今や世界一高額となりました。また原子力発電所は火力発電所に比べてはるかに巨大な工場となりましたし、三多摩のビルの地下に原子力発電施設など建設できるわけもなく、過疎地に押しつけられたままです。

しかし、この記事の前半に書かれていること、すなわち「化石燃料はいずれ枯渇するので、原子力こそが未来のエネルギー源になる」という見通しは今も語られ続けていますし、多くの日本人もそれを信じ込んでいます。「資源枯渇の恐怖」が原発を推進してきたと言っていいでしょう。

石油より先にウランが枯渇する⁉

それでは、私たちが依存している石油はいつ枯渇するのでしょうか。今から80年前、1930年における「石油可採年数推定値」は18年です。ところが、それから10年経った1940年には23年に延びました。それでも石油権益の確保は大国にとって深刻な課題だったので、第二次世界戦争の有力な動機となりました。

しかし戦争が終った1950年になっても、石油の可採年数は20年でした。それから10年経った1960年、35年に延びました。さらに30年後の1990年には45年に延び、最新の推定値では50年とされています。

とはいえ、石油も使い続ければいつかは必ずなくなります。だとすれば未来のエネルギー源はやはり原子力しかないのでしょうか。ところがどうも、石油よりも先に原子力の「寿命」が尽きてしまいそうなのです。

私たちは、使えばなくなる資源を「再生不能資源」と呼んでいます。石油、石炭などの化石燃料がそうですし、原子力の燃料であるウランもまた再生不能資源です。

このうち圧倒的な埋蔵量を誇っているのが石炭です。世間では「エネルギー危機」が叫ばれ、今にもエネルギー資源が枯渇するように宣伝されていますが、石炭を使い切るまでには1000年かかります。その上、近年急速に消費が増大してきた天然ガスも新たな埋蔵地域が次々と発見されており、最近話題となっている海底のメタンハイドレート（天然ガスを含む固体）、地殻中にある深層メタン（天然ガスの成分）など、将来性が有望視されている資源も見つかっています。

一方、多くの人たちが「未来のエネルギー」との幻想を抱いているウランは、利用できるエネルギー量換算で石油の数分の一、石炭に比べれば数十分の一しか地球上に存在していません。石油よりかなり前にウランが枯渇してしまうことはもはや明らかです。「化石燃料が枯渇するから未来のエネルギーは原子力しかない」という宣伝は、全くの誤りでした。事実を虚心坦懐に見るならば、太陽光や風力、波力、地熱といった新エネルギーを推進しつつ、それまでは上手に化石燃料を利用していかざるをえないというのが現実のところなのです。

核燃料サイクル計画は破綻している

このようにウランが近い将来枯渇することを指摘すると、原子力推進派は必ず次のように反論します。

「そのために高速増殖炉や核燃料サイクル計画があるのではないか」

核分裂する「ウラン235」はウラン全体の中で0・7％しか存在していません。そこで原子力に夢を託す人たちは、99・3％を占める「燃えないウラン」をプルトニウムに換えて利用することを思いつきました。それが高速増殖炉を中心とする核燃料サイクル計画です。しかし、これらの計画は頓挫を繰り返し、一向に進む気配がありません。果たして今後実現される見通しがあるのでしょうか。

高速増殖炉は、燃えない「ウラン238」を「プルトニウム239」に変換します。使用済み核燃料を再処理して活用でき、しかも発電しながら消費した以上の燃料（プルトニウム）を生み出せるので「ウラン資源の利用効率は100倍以上にあがる」と言われています。しかしこれは「本当に実現すれば」の話です。

1951年12月、世界ではじめて原子力発電に成功したのは米国の「ＥＢＲ－Ｉ」と呼ばれる原子炉ですが、実はこれが高速炉でした。ところが、技術的、社会的に抱え込む困難があまりにも多すぎて、一度は高速増殖炉に手を染めた核開発先進国はどんどん撤退していきました。

一方、日本はどうでしょうか。「原子力開発利用長期計画」が高速増殖炉の開発に言及したのは１９６７年のことです。その時の見通しでは１９８０年代前半に高速炉は実用化されることになっていました。

しかし、実際に取り組んでみると高速増殖炉はきわめて難しく、その後長期計画が改定されるたびに実用化の年度はどんどん先に逃げていきました。１９８７年の第７回長期計画では「実用化」ではなく「技術体系の確立」が目標とされ、さらに２０００年の第９回長期計画では数値をあげて年度を示すことすら諦めてしまいました。２００５年には「原子力政策大綱」という名前になって計画が改定されましたが、そこには「２０５０年に初めの高速増殖炉を動かしたい」と書いてあります。

どう考えても、この計画が実現できるとは思えません。これまで10年経過するごとに実現を20年先送りし続け、とうとう最初の予定から70年も延びてしまったのです。おそらくこのまま永遠に夢にはたどりつけないでしょう。

破綻確実の高速増殖炉「もんじゅ」

それは「もんじゅ」の状態をみても明らかです。

2010年10月高速増殖炉原型炉「もんじゅ」の原子炉容器内で、落下した装置の回収作業をする作業員たち。「つり上げ器具の設計に問題があった」と指摘されている

原子炉を実用化するためには、小型の「実験炉」、少し規模を大きくした「原型炉」、そして技術全体を実証する「実証炉」と開発を進めていきます。日本では、まず「常陽」と呼ばれる実験炉が１９７７年から運転をはじめました（現在は事故で停止中）。

続いて原型炉として造られたのが、福井県敦賀市にある有名な「もんじゅ」です。１９９４年から動かしはじめたのですが、その翌年の１９９５年に40％の出力まで上げて発電を含めた総合的な試験をしようとした途端、事故が発生しました。二次冷却系が破損し冷却材のナトリウムが噴出して火災になったのです。それから14年5か月もの間「もんじゅ」は止まったままでした。

しかし政府は2010年5月8日、再び「もんじゅ」を動かしはじめます。この運転は単に臨界状態が達成できるかどうかを調べるだけの試験でしたが、こんな基礎的な試験運転の段階で936回の警報が鳴り、32個の不具合が発見されました。その後も「燃料交換炉内中継装置」を炉内に落下させるという事故を起こし、それが引き抜けない状態になっています。予定されていた40%出力試験は絶望的でしょう。

そもそも、15年も動かなかった機械をまた動かそうとしたこと自体が常軌を逸しています。2011年2月には、復旧作業にあたっていた日本原子力研究開発機構の課長さんが山の中で自殺していたことが発覚しました。

この日本という国は、いまだに1kWの発電もしていない「もんじゅ」にすでに1兆円を越える金を捨ててしまいました。ところが、こんなでたらめな計画を作った歴代の原子力委員は誰一人として責任を取らないまま原子力界に君臨し続けています。そして、いまだに「高速増殖炉はすぐにでも実現できる」とうそぶく学者さえいます。

プルサーマルはこうして始まった

問題はそれにとどまりません。日本は高速増殖炉がすぐに実現する前提で使用済み核燃

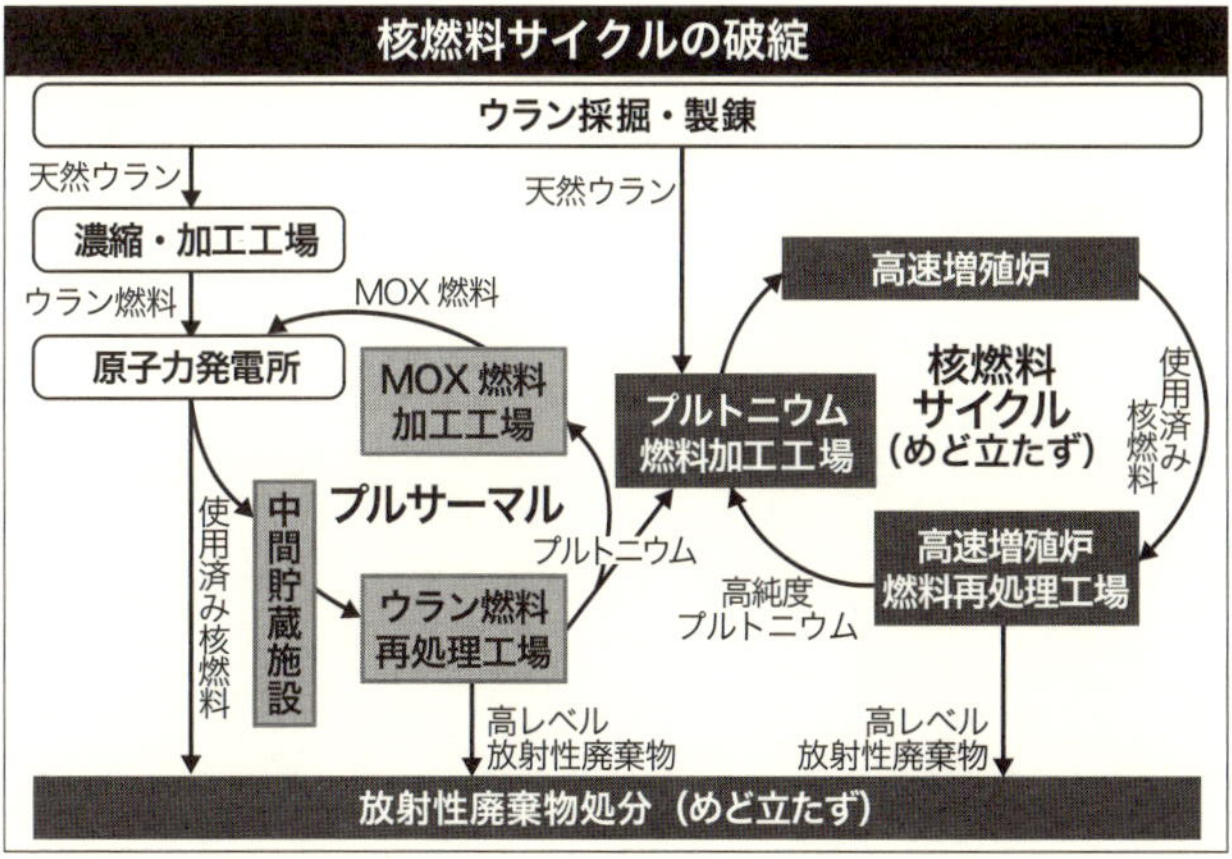

料の再処理をイギリス、フランスに委託し、すでに45トンにのぼるプルトニウムを分離してため込んでしまいました。このプルトニウムで長崎型の原爆を作れば4000発もできてしまいます。

日本は余剰プルトニウム、要するに使い道のないプルトニウムを持たないことを国際的に公約させられています。なぜかといえば、プルトニウムは核兵器に転用できるからです。そのため、日本はなにがなんでもこのプルトニウムを始末しなくてはならなくなりました。そこで苦し紛れに考えられたのが、普通の原子力発電所で使われている原子炉、つまり「熱（サーマル）中性子炉」でプルトニウムを燃やす「プルサーマル」計画です。

プルサーマルは原発の危険性を飛躍的に増大させます。福島第一原発では3号機がプルサーマル運転で、原子力発電に多少の知識のある人々はこの炉の動向を固唾を飲んで見守ってきました。

プルサーマルが危険なのはなぜでしょうか。

どんなものでも、何かものを作る時には「余裕」を持たせて作ります。それでも考えていた通りの余裕など実際にはなくて、事故を起こしてしまうことがあります。福島第一原発の事故などはその典型でしょう。

普通の原子力発電所はウランを燃やして発電するために設計されたものです。その原子炉で燃やす予定ではなかったプルトニウムを燃やすことになれば、当然ながらさまざまな問題が起こって安全性は低下します。

そのことを専門的には「安全余裕」を低下させると言います。想定していたウランと異なるものを燃やせば、安全余裕が食いつぶされることになるわけです。現在、政府と電力会社はプルトニウム入りの「MOX燃料」（ウランとプルトニウムの混合酸化物燃料）を「全炉心の3分の1まで入れても安全だ」と説明していますが、それはもともと危険な原子炉をさらに危険にする行為です。

例えるならば、灯油ストーブでガソリンを燃やそうとする行為に似ています。灯油に1％のガソリンを混ぜてストーブに入れてもたぶん動いてくれるでしょうが、5％、10％とガソリンの割合を増やしていけば、いつか大火災が発生してしまうでしょう。

「プルトニウム消費のために原発を造る」という悪循環

このように、プルサーマルは原子炉の安全性を低下させるし、燃料の加工の面から見ても経済性を破綻させます。それでもやらざるをえないのは、すでに大量に余っているプルトニウムをなんとか処分しなくてはならないからです。こんなに危険で儲からないことは、本心では誰も積極的にやりたくないのだと思います。計画は遅々として進まず、2009年6月、電気事業連合会は「2010年度まで全国で16～18基の原子炉でプルサーマルの導入を目指す」としていた計画を5年先延ばしにしました。

このような状況にもかかわらず、青森県六ヶ所村で使用済み核燃料からウランとプルトニウムを取り出す再処理工場の計画が進められています。そこで高速増殖炉やプルサーマルで使う燃料を製造するつもりでしたが、核燃料サイクル計画自体があちこちで破綻しているのに操業をはじめてどうするつもりでしょうか。

「もんじゅ」は動く見込みが全くありません。とはいえ、六ヶ所再処理工場で取り出したプルトニウムはどこかで燃やさなければなりません。

その処理のために造ろうとしているのが、全炉心にMOX燃料を装荷する世界初のフルMOX原発・大間原子力発電所です。実施主体は電源開発株式会社で、本州の最北端、マグロ漁で有名な青森県大間町で建設が進められています。

大間原発は、最初からMOX燃料を燃やすために設計されている点だけを捉えれば、普通の原子炉でプルサーマル運転をするよりはマシです。しかし、プルトニウムはウランの数十万倍もの毒性を持っています。プルサーマルでは炉心の3分の1しかMOX燃料を装荷できませんが、フルMOXである大間原発は全炉心に装荷するので、当然危険ははるかに増大します。

つまり、高速増殖炉を中心とした核燃料サイクル計画の破綻によってプルトニウムが大量に余り、それを消費するためにさらに危険な原発を建てていることになります。愚かな行為のためにさらに愚かな選択を迫られる「悪循環」に陥っているのが、日本の原子力の本当の姿です。

「もんじゅ」や六ヶ所再処理工場で事故が起こった場合、または何も起こらなくても周辺にきわめて深刻な被害をもたらします。そのシミュレーションは次の章でご紹介したいと思います。

第六章　地震列島・日本に原発を建ててはいけない

地震地帯に原発を建てているのは日本だけ

そもそも、「地震大国」の日本は原子力発電所を建設していいような国なのでしょうか。大地震というのは世界のどこでも起こるわけではありません。太平洋を囲む一帯と、中国から地中海へ抜ける一帯に集中しています。それ以外では基本的に大地震はめったに起こっていません。

米国には100基を超える原発がありますが、その多くは東海岸で、大地震が起こる可能性のある地域はきれいに避けて建てられています。150基の原発があるヨーロッパは非常に地盤の強い場所で、ほとんど地震が起こりません。

日本はどうでしょう。大地震が頻発している場所なのに、すでに54基もの原発が建っています。地球上の地震地帯に原発をたくさん建てているのは「日本だけ」と言っていいでしょう。

このような行為を後押ししてきたのは「専門家」たちです。例えば1995年1月の阪神・淡路大震災が起こる直前、日本の耐震設計の大家は次のようなことを言っていました。「ノースリッジ地震の後も、サンフランシスコの被害が大問題となった1989年ロマプリエタ地震の後も、日本の建設技術者は、『ところで日本の構造物は大丈夫なんですか』という質問をあちこちで受けるはめとなった。『あれくらいでは日本の構造物は壊れません』というのが、私たちの答えである……設計で使う力は、世界の地震国で使われている力の数倍は大きい……なんと言っても最大の理由は、地震や地震災害に対する知識レベルの高さであろう」（片山恒雄東大教授、「予防時報」第180号、（社）日本損害保険協会、1995年1月）

ところが阪神・淡路大震災で神戸の街が壊滅してしまいました。次々に倒壊したビルや崩落した高架の姿を生々しく憶えておられると思います。

その惨状を目の当たりにした日本の耐震工学の専門家の感想は「予想を超える揺れだった」というものでした。今回の原発事故と同じですね。専門家たちは、平気でいつもそういう言い逃れをします。

「想定外」の地震が起きても、地熱発電所や風力発電所は無事でした。火力発電所ではだいぶ被害が出ましたが、それでも原発の被害とは比べものになりません。「想定外」の事故が起きれば、人間の手ではどうにも収拾することができない。そんな恐ろしい施設を日本はたくさん造ってきてしまったのです。

「発電所の全所停電は絶対に起こらない」ということになっていた

原子力発電所は「機械」です。機械は必ず壊れます。運転しているのは「人間」です。人間は必ずミスをします。だから「事故は必ず起きるもの」と、常に想定しなくてはいけません。

福島の事故は全ての電源が失われたことによって起こりましたが、専門家たちは発電所の「全所停電（ブラックアウト）」が一番危険であることを長年の研究の積み重ねでよく知っていました。ではなぜ防げなかったのかというと、「発電所の全所停電は絶対に起こらない」ということにして、それに「想定不適当事故」という烙印を押してしまったからです。

「そもそも発電所なんだから自分で発電しているし、ダメなら送電線から電気をもらえばいい。それがダメでも非常用のディーゼル発電機がある。最悪の場合はバッテリーもある。だから、全所停電など起きるはずがない」と決めつけたのです。

しかし、それは現実に起きました。

電力会社は、事故を受けて「非常用発電機を丘の上に建てよう」「電源車を何台か配備しておこう」などの対策を立てました。でも、これらは「対症療法」にすぎません。人間だっていろんな病気になりますが、一つの病気を防いだからといって別の病気にならない保証はどこにもない。機械の事故の場合は、すでに起こったタイプの事故の対策はできるけれども、これから起こる「未知の事故」についてはは対策ができません。次の事故は必ず「想定外」の原因で、全く違った形で起きるからです。

多くの原発が非常用電源を配備できていない

これまで政府や電力会社は「起こりうる原発事故は安全審査で厳重に評価している」と宣伝してきました。しかし彼らの想定する事故では「安全防護装置はいついかなる時にも有効に働き、放射性物質を閉じ込める格納容器は最後まで決して壊れない」という仮定になっています。彼らの考える事故では、放射能は決して広範囲に拡散しないのです。格納容器が破壊されるような事故には「想定不適当事故」なる烙印を押して、破局的事態に至る可能性を無視し続けてきました。

そういう前提で審査されているので、環境汚染や住民の被曝は考慮されていません。ですから広域避難計画の用意などあるはずがなく、汚染地域でも住民たちを避難させることができません。すぐに避難はさせられないが、パニックを起こされても困るので「ただちに影響はない」と言うしかなかったのです。

さらに4月下旬、衝撃的な事実が発覚しました。福島の事故を受けて「もんじゅ」を含む全国の原発に非常用の電源車や発電機が配備されましたが、マスコミの取材でこれらの対策が全く役に立たないことが分かったのです。配備された非常用電源では容量が少なすぎて装置の一部しか動かせず「ほとんどの原子炉を冷やせない」とのことでした。

あれだけの事故を目の当たりにしてもいまだに対策ができていないのですから、お粗末すぎて言葉になりません。福島第一原発の事故が起こってすぐ、各電力会社はあわてて非常用電源を準備し「うちは大丈夫です」と言い張ってきました。それらは全部、原発を止めないためのウソだったのです。

東北地方太平洋沖地震以降、プレートは大変不安定な状態にあります。それが原因で東海地震が引き起こされる危険も十分にある。日本は巨大地震や津波から逃げられない土地なのです。そんな場所に原子力発電所を54基も建てて、その一つ一つにつき「将来起こりうる事故」の対策をすることなど絶対にできません。しかも、日本は福島の事故を目の当たりにしても非常用電源さえきちんと用意できていない国です。

そんな日本の原発の中でもひときわ危険なのが浜岡原発です。日本には、その他にも六ヶ所再処理工場、高速増殖炉「もんじゅ」など、きわめつけに危ない原子力施設がいくつもあります。次にそれらをご紹介していくことにしましょう。

「地震の巣」の真上に建つ浜岡原発

今、いちばん警戒しなければならないのは東海地震です。静岡県御前崎市にある中部電力浜岡原子力発電所は、その想定震源域のど真ん中に建っています。

歴史的に見て、浜岡原発のあたりでは周期的に巨大地震が起こっています。1500年頃には明応地震が起きました。それから約100年後の1605年には慶長地震が、さらに約100年経った1707年には宝永地震が起き、それから150年ほど経った1854年には安政東海地震が起きました。これらは東海地震と東南海地震、南海地震が連動した巨大地震で、すさまじい被害がもたらされたことが文献にも記されています。この地域では100年〜150年周期で必ず巨大地震が起こることが科学的に裏付けられていますから、私たちが望もうと望むまいと東海地震は起こります。

ところが安政東海地震以来、浜岡原発のあたりだけには150年以上も巨大地震が起き

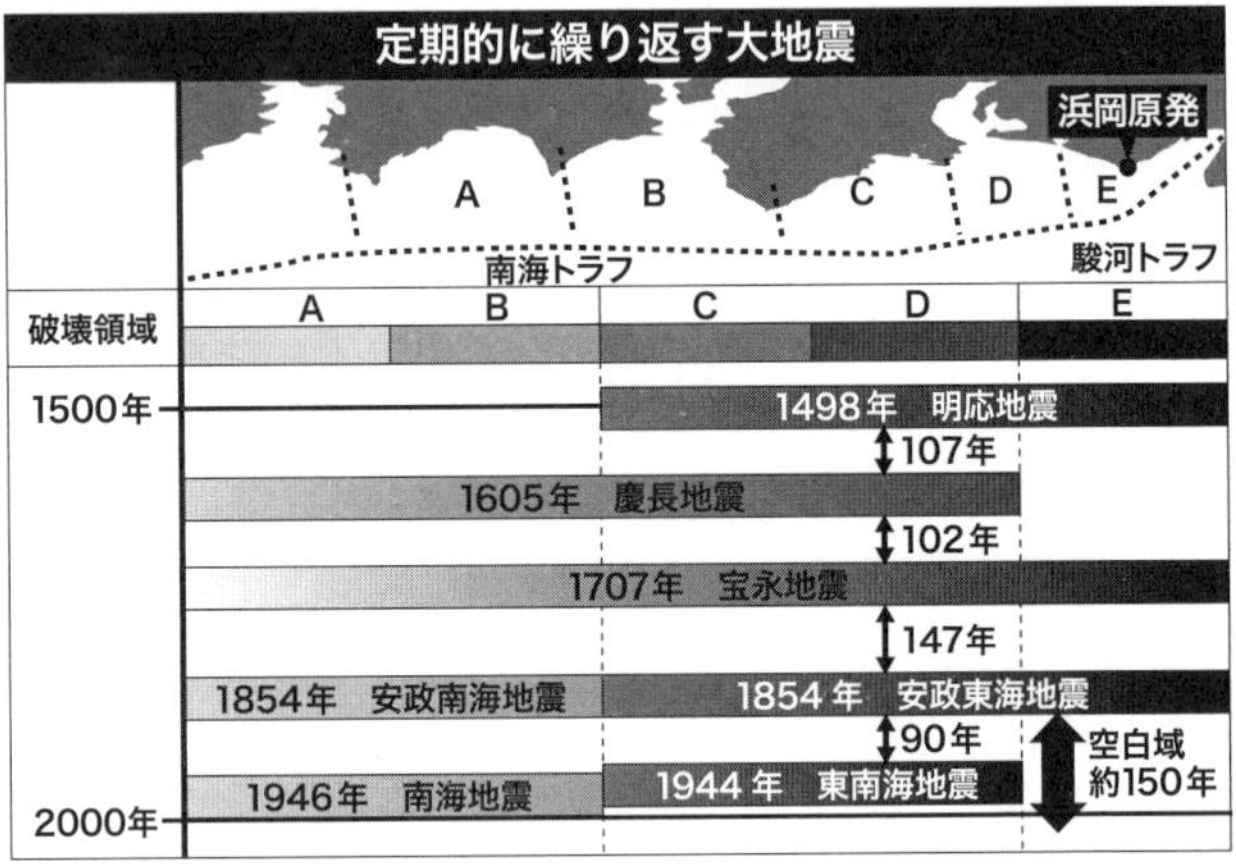

ていません。

まだ今のところ何とか岩盤が持ちこたえているのです。でも、必ずいつかは破壊されます。世界中の地震学者が「いつ起きても不思議ではない」と見ているのが東海地震です。今日来るかもしれないし、明日来るかもしれない。浜岡原発は間違いなくこの東海地震の直撃を受けます。

それでは、予想されている東海地震はどのぐらいの破壊力を持っているでしょうか。地震が放出するエネルギーの量を広島原爆の威力で換算してみましょう。

M（マグニチュード）6の地震が放出するエネルギーは、広島原爆1発が爆発したのとほぼ同じです。阪神・淡路大震災はM7・3でした。

地震の規模と発生するエネルギー		
マグニチュード	広島原発に換算した個数	地震（発生年）
9.5	16万	チリ（1960）
9.0	2万9000	スマトラ沖（2004）、東北地方太平洋沖（2011）
8.5	5300	東海・南海（予測）
8	920	十勝沖（2001）
7.9	650	関東大震災（1923）
7.3	82	兵庫県南部（1995）、鳥取県西部（2000）
7.2	58	岩手・宮城内陸（2008）
7	29	福岡県西方沖（2005）、ハイチ（2010）
6.8	15	中越（2004）、中越沖（2007）
6.3	2.6	ジャワ島中部（2003）、クライストチャーチ（2011）
6	0.92	
5	0.029	
4	0.00092	

これは広島原爆に換算すると82発分です。つまり１９９５年１月に、淡路島から神戸にかけて地下で広島原爆が82発連続して爆発したのと同じということになります。

この間の東北地方太平洋沖地震はＭ９・０で、広島原爆２万９０００発分のエネルギーが放出されたことになります。それだけの地震が起きたから、巨大な津波が押し寄せてきて東北地方が壊滅してしまったのです。地球規模で見ても軸の振動が変化して１日の時間の長さが変わってしまうほどの大地震でした。

東海地震はＭ８〜８・５、あるいは最近だと９もありうると言われています。浜岡原発の真下で原爆が３万発近く爆発するということが、近い将来かなりの確率で起こりうるわけです。

果たして原発がそれに持ちこたえることができるでしょうか。

２０１１年5月6日、菅直人首相は突如中部電力に対して浜岡原発の全停止を要請しました。東海地震を恐れての措置です。中部電力はこの要請を受けて稼働中の4、5号機を停止、定期点検中の3号機の再稼働も断念しました。停止期間は2～3年後の防潮堤完成までの予定ですが、まずはこの決定を歓迎したいと思います。

しかし、津波対策をすれば全て問題が解決するかというとそうではありません。浜岡原発にも福島第一原発と同じように大量の使用済み核燃料が保管されています。特に1、2号機は古い設計ですので、大地震が起きたら燃料プールが崩落する危険があります。停止したことで安心するのではなく、全ての原子力施設の安全対策を徹底的に検証する契機にしていく必要があるでしょう。

瀬戸内の自然を破壊する上関原発

すでに稼働している原発だけでなく、今まさに建設されようとしている原発をどうするかも重要な問題です。現在、中国電力は瀬戸内海に面した山口県上関町に上関原子力発電所の建設計画を進めています。予定されている原発は2基、1基あたりの電気出力は約1

上関原発埋め立て予定地の砂浜で、たき火をして抗議する祝島の女性。島民たちは30年にわたって建設中止を訴えている。右は中国電力の警備員

37万3000kWと国内最大級です。1号機に関してはすでに敷地造成工事が始まっていますが、福島の事故を受けて一時中断されています。

この原発の大きな問題の一つが、環境破壊、自然破壊です。この原発の真正面、直線距離で3・5kmのところに「祝島」という離島がありますが、もし建設が進めば島の集落と原発が海を挟んで至近距離で向かい合うことになります。人体はもちろん、農作物、水産物に与える悪影響は計り知れませんから、島民たちによって非常に激しい反対運動が続けられてきました。

海を埋め立てることになりますので、周辺に棲息している保護動物のスナメリや絶滅危

上関原発・急性死者の発生範囲と割合（チェルノブイリ規模の事故の場合）

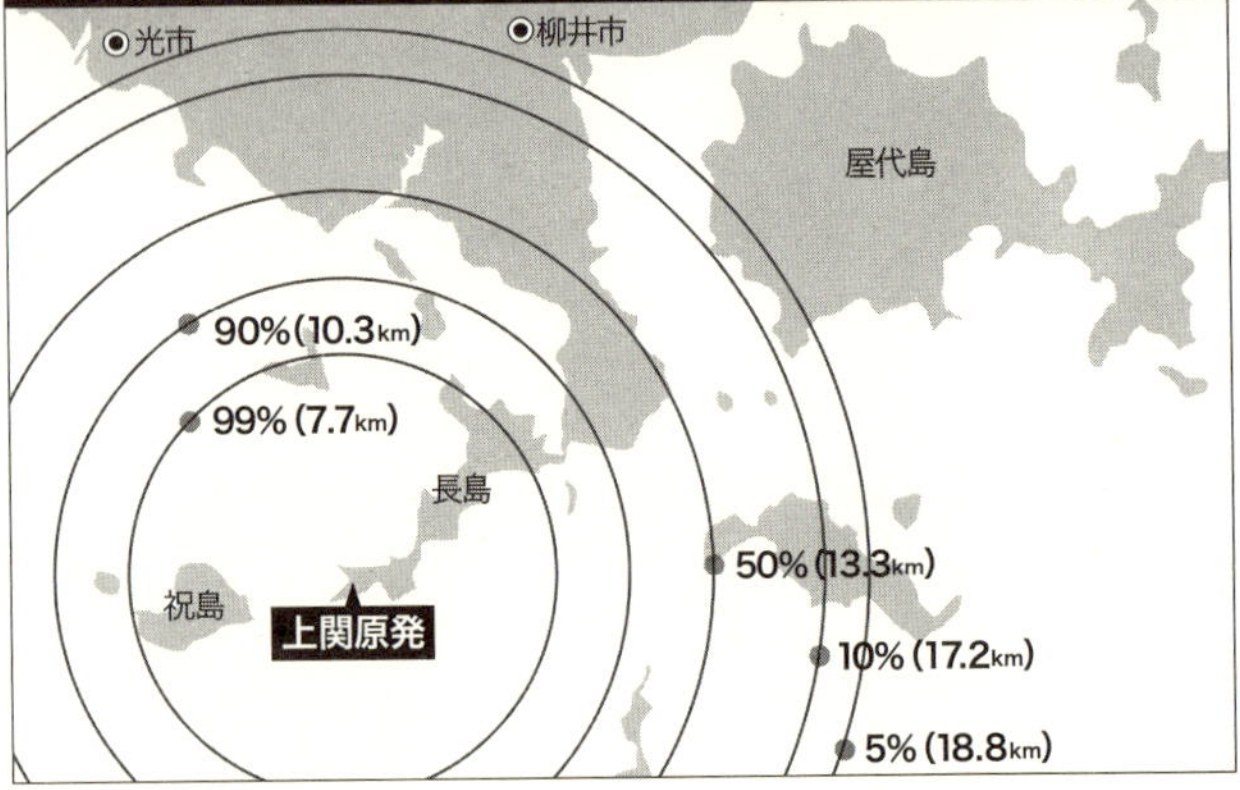

惧種の海鳥カンムリウミスズメなど稀少な生き物たちもきわめて危険な状態にさらされます。もちろん環境団体からも激しい抗議の声が上がっています。

ここで原発事故が起きたらどういう被害が出るか、京大原子炉実験所の同僚だった故・瀬尾健さんの作りあげたプログラムを用いて計算してみました。その結果を皆さんにお示しします。

チェルノブイリと同じ規模の事故が上関で起きた場合、いったいどのくらいの人たちが急性障害で死ぬのかを検証してみましょう。上関原発から半径7・7㎞の範囲では99％の人が急性障害で死にます。祝島はすっぽりと入ります。つまり、全員が死んでしまうということです。急性死確率90％の範囲は10㎞程度。10人に1人が助かるかどうかというレベルです。

ただし、この図に示された範囲の人たちが、同じ確率で死ぬとは限りません。第3章でチェルノブイリの汚染地図を見てもらいましたが、汚染は風の向くまま気の向くままに広がります。風が東に流れていれば柳井市・周防大島（屋代島）方面の人たちが死ぬわけだし、北に流れていれば、光市の人たちが死ぬことになります。要するに「運を天に任せるしかない」という状態に陥るわけです。

運良く急性死を免れても、何にも起こらないわけではありません。広島・長崎の被爆者の人たちと同じように、やがてがんや白血病が襲ってきます。

福島の事故を受けて、山口県は埋め立て工事中止を事実上要請しました。現在のところ工事は中断されています。もしこの原発が完成したら、豊かな自然に原発で温められた水が排出されて生物の生息環境を破壊するほか、事故が起これば福島と同じように瀬戸内の農作物や海産物が汚染されることにもなります。上関原発は、日本人が喉元過ぎれば熱さを忘れてしまうのかどうかを問いかけている原発だと思います。

原発100年分の「死の灰」をため込む六ヶ所再処理工場

青森県六ヶ所村にある使用済み核燃料再処理工場は現在試運転中ですが、いまだに本格的な操業の目途は立っていません。本来、この工場は1997年12月に操業を開始する予定でした。ところが建設費の暴騰、さらに様々なトラブルが相重なって20回近くも延期され、現在に至っています。

それでも、すでに六ヶ所村には使用済み核燃料が約3000トンも運び込まれています。一つの原子力発電所が生み出す使用済み核燃料は1年間に約30トン。つまり原発100年分の放射能がため込まれていることになるわけです。再処理工場の本格操業がはじまったら1年間に約800トンの使用済み核燃料が各地の原発から運び込まれ、ウランとプルトニウムを取り出す作業が行われることになります。

六ヶ所村でも福島第一原発のように燃料棒の冷却を行っているのですが、電源が失われれば大きな危険にさらされることになります。すでに3月11日の地震で外部電源が遮断、非常用ディーゼル発電機で冷却システムに給電する事態に陥りました。その際1台の発電機に不具合が生じるトラブルも起きています。また4月7日の余震でも外部電源が遮断し、

六ヶ所再処理工場（青森県）。建設費用は、当初発表されていた7600億円から2兆1930億円（2011年現在）にまで膨らんでいる

非常用ディーゼルで給電しました。

最近の操業開始延期は「高レベル放射性廃棄物」を処分するためのガラス固化体製造工程で起きたトラブルが原因です。

六ヶ所再処理工場は、フランスから技術を導入して1981年に操業をはじめた東海再処理工場の経験を生かし、日本が独力で建設する予定でした。しかし、日本はもともと核兵器用のプルトニウムを抽出するための高度な軍事技術だった再処理技術を完全に自分のものとすることができず、結局フランスに建設してもらったのです。それではメンツが丸つぶれですので、ガラス固化体製造工程だけは東海再処理工場の技術を使うことにしました。ところが、東海再処理工場の炉を約5倍にスケールアップしたため白金族元素が溶けずに沈殿し、ガラス固化体が製造できなくなってしまいました。

さらに、その調査の途中で配管から大量の廃液が漏れ、広島原爆3発分の放射性物質によって建屋が汚染されました。またマジックハンドなどの機材も腐食して動かなくなるトラブルが起きました。加えて、ガラスを溶融する炉の煉瓦を壊して落下させ、その除去に大変な困難が生じました。このありさまですので、今のところ2012年10月に予定されている操業開始は非常に困難だと思います。

それ以前に、こんな体たらくで1年間に800トンもの使用済み核燃料を引き受け、プルトニウムを抽出する危険な作業ができるとはとても思えません。これが「世界一優秀」と放言していた日本の原子力技術の実態なのです。

再処理工場は放射能を「計画的」に放出する

もしこの再処理工場が本格操業されれば、その危険性は群を抜くことになります。

再処理工場では、使用済み核燃料の中に生成・蓄積されたプルトニウムを取り出す操作が行われます。それまでプルトニウムなどの放射性物質は曲がりなりにもジルコニウムの被覆管でおおわれた燃料棒に閉じ込められていましたし、ペレットという瀬戸物に閉じ込められていました。ところが、再処理工場ではこの燃料棒を細かく切り裂き、硝酸に溶かした上で化学的にプルトニウムを分離する作業を行います。当然、環境に放出する放射能の量は段違いに多く、原子力発電所が1年で放出する放射能をたったの1日で出してしまうと言われています。

海外の再処理工場の例を見てみましょう。再処理はもともと核兵器の材料としてプルトニウムを取り出すことを目的に開発された軍事技術です。第二次世界戦争の敗戦国である日本は一切の原子力研究を禁じられましたので、欧米諸国から決定的に遅れてしまいました。再処理技術に関してもそうで、日本は使用済み核燃料をイギリスのウィンズケール（現セラフィールド）再処理工場とフランスのラ・アーグ再処理工場に送って処理してもらってきたのです。

そのウィンズケール再処理工場は、約120万キュリー（広島原爆の400倍）を越えるセシウム137をアイリッシュ海に流しました。

チェルノブイリで環境に放出されたセシウム137は約250万キュリーでしたが、それは予期しない事故のためでした。しかし、ウィンズケール再処理工場は平常運転として計画的にセシウムを海に流したのです。アイリッシュ海は放射能で汚染され、そこでとれる海産物はすでに1970年代から日本がチェルノブイリ事故の際に設定した輸入禁止濃度を上回っています。対岸のアイルランド国会、政府はたびたび再処理工場の停止を求めてきました。もちろんこの汚染の原因には日本から送られた使用済み核燃料もあります。

六ヶ所村の再処理工場も本格稼働すれば、事故が起きなくても日常的に大量の放射能を放出することは間違いありません。周辺住民は、原発以上の被曝を受けることになります。

放射能を薄めずにそのまま放出

原発を含めた全ての原子力施設は、放射性物質を環境に捨てる場合「原子炉等規制法」の濃度規制を受けます。つまり、放射性物質を一定の濃度以下に薄めてからでないと捨てることができません。ところが再処理工場はこの規制から除外されており、放射性物質をそのまま排出してよいことになっているのです。

六ヶ所再処理工場から放出される予定の放射性物質の一つに、トリチウムがあります。その海への放出予定量は年間約1万8000テラベクレルで、1日あたり約60テラベクレルになります。

ところが、原子炉等規制法で許される濃度（1㎤あたり60ベクレル）までトリチウムを薄めようとすれば、毎日100万トンの水を使って薄めなくてはなりません。それは不可能なので、猛毒をそのまま海に流すことを許しているのです。

六ヶ所再処理工場から放出される放射性物質のうち、住民に被曝を与えるものは「クリプトン85」「トリチウム3」「炭素14」の三種類で、全体の被曝量の7割を占めます。これらは排気筒や排水口から全量が放出されます。排水口は沖合3km、深さ44mの海底に造っていますが、そうでもしなければこの膨大な毒物は危なくて排出できません。

なぜ濃度を薄める作業を行わないのかというと「これらの核種はフィルタで取り除けないから」というのが理由とされています。ところが、実は現在の技術で十分捕捉できるのです。クリプトンはマイナス152℃で冷やせば液化して捕捉できます。また、トリチウムは同位体濃縮技術で濃縮してしまうことが可能です。炭素14は水酸化ナトリウムと反応させれば固形化します。

では、なぜやらないのかというと答えは簡単で「お金がかかる」からです。当初、六ヶ所再処理工場は「7600億円の建設費でできる」と発表されていました。ところが次々に計画が見直され、現在すでに2兆2000億円もの費用がつぎ込まれています。200

2年になって、予定通り40年の操業を終えて解体するまでにはさらに巨額の費用がかかることが公表されました。総額で12兆円を超えます。

このコストに見合った効果が六ヶ所再処理工場にはあるのでしょうか。計画通り年800トンの使用済み核燃料を受け入れて40年間稼働したとすると、全部で3万2000トンを処理できることになり、1トンあたりのコストは約4億円です。ところがなんとイギリスやフランスへの再処理委託は、1トンあたり約2億円のコストで済んでいたのです。わざわざお金を無駄にしているとしか言いようがありません。

しかも、試験的に造られた小規模な東海再処理工場ですら稼働率が20％にすぎないことを考えてみても、とても計画通り操業できるとは思えません。すでに破綻しかかっているのに、クリプトンやトリチウム、炭素を捕捉したとしたらさらにお金がかかります。だからそのような作業は経済的に不可能なのです。

もしも現在の計画のまま放出し続けるとすれば、毎年740人、40年の操業で約3万人が放射能の影響によるがんで死亡する計算になります。

六ヶ所再処理工場は、安全性、経済性、あらゆる意味で有害無益な施設であることは明らか。完全に断念され、放棄されるべきです。

「もんじゅ」で事故が起きたら即破局

前章で述べたとおり、高速増殖炉「もんじゅ」は暗礁に乗り上げている状態ですが、ここで大事故が起こるとすぐに破局が到来してしまうという意味で、非常に恐ろしい原子炉です。高速増殖炉とは、ウランからプルトニウムを効率的に作り出すための特殊な原子炉で、その作業をやろうとすると原子炉を冷やすために水を使うことができません。

水は物を冷やすのに圧倒的に優れた物質です。比熱が1で他の物質ではありえないほど効率的に冷やすことができ、透明です。しかも放射線にあたっても新たな放射能を生み出すことがないという素晴らしい物質なのですが、「もんじゅ」ではそれが使えず、ナトリウムで冷却します。

このナトリウムという物質は「水に触れると爆発する」「空気に触れると火災を起こす」という、化学活性が非常に強い物質です。そんな危険なもので原子炉を冷やしながらプルトニウムを作ろうとしているわけですが、すでに1995年にナトリウム漏れで火事が起きたことからも分かるように、もしも地震などが起きて配管が大きく破れれば大火災になります。しかも鋼鉄を溶かすような大火災です。

それでは福島の事故と同じように消防や自衛隊が出動して水をかけることができるのかというと、それもできません。水をかけたらナトリウムと反応して大爆発が起きてしまいます。事故が起きた場合の被害は原発よりもずっと大きく、今回のような規模の地震に直撃されたら、恐らく何の対処もできないまま破局を迎えてしまうことになるでしょう。

本当に恐ろしいものを造ってしまったものです。

第七章　原子力に未来はない

原子力時代は末期状態

福島の原発事故で、多くの人たちが政府や電力会社の宣伝してきた「安全神話」のウソに気がつきました。しかし「日本の原子力発電に明るい未来などない」という事実にずいぶん前から気がついていたのは、原子力を推進してきた人々自身ではなかったかと思います。

世界の電力自由化の波は着実に日本にも押し寄せてきていました。ＥＵ統合以降のヨーロッパでは新規参入業者に電力市場が開放され、発電・送電・配電会社の分離・再編が進んでいます。日本の電力会社の放漫経営とは全く違った「競争の時代」が始まっているのです。もちろん過度の競争が２０００年代初頭の米国で「カリフォルニア電力危機」を引き起こしたように、電力自由化が全て正しいわけではありません。

しかし、否応なしに日本の電力業界も市場原理で電気料金を決めざるをえない時代に入りつつありました。世界一高い電気料金に耐えられなくなった企業が自分で発電所を持つようになり、２０００年には大口需要家を対象に電力の小売自由化がはじまりました。このような流れが加速すれば、原発を造れば造るほど電気料金が値上げできて儲かるおかしなシステムは維持できなくなります。日本の電力会社がこれ以上の原発を抱え込むことのできない時代が確実に近づいていたのです。

それでも原子力を捨てることができないのは、電力会社だけでなく三菱、日立、東芝といった巨大企業が群がって利益を得ているからです。次第に肥大してきた原子力産業は全体で「3兆円産業」と呼ばれるほどにふくれあがり、すでに設置してしまった生産ライン、育成・配置してしまった人員も膨大です。もはやどうにも止まれない状態になっています。

しかし、これは原発と関係のない企業から見ればとても迷惑な話です。原子力産業の利益は、早い話が電気料金に上乗せされますから、第4章でご紹介したアルミ精錬産業のように、その負担のために潰れてしまう産業も出てきています。企業が自前の発電所を持つようになってきたのも電気料金の負担を避けるためだし、生産拠点の海外移転、つまり「産業空洞化」の大きな原因にもなっています。日本経済全体が原発という「重荷」に耐えきれなくなっていたのです。

先進国では原発離れが加速

すでに世界の先進国は続々と原子力から撤退をはじめていました。貧弱なウラン資源、成り立たない経済性、破局的事故の恐れ、見通しのつかない放射性廃棄物の処分などが大きな負担となってきたからです。ヨーロッパの原子力を牽引してきたフランスにすら新たな原発建設計画はなく、ヨーロッパ全体でも計画中の原発はフィンランドに1基あるだけです。米国でも一時期強力に原子力の復興が図られましたが、縮小の流れは止めようもありませんでした。

福島の事故がこの流れを劇的に加速させたことは言うまでもありません。ドイツでは事故を受けてすぐさま旧型原発7基の稼働を一時停止し、さらにメルケル首相は「脱原発」の方針を明確に打ち出しました。イタリアでも新しい原発の建設が無期限凍結になりました。米国でもテキサス州で計画されていた原発の増設から事業主体の電力会社が撤退しました。この増設計画は東芝の海外受注第1号案件でしたが、もはや実現は困難とみられています。

すでに多くの国々で「原子力発電には将来性がない」と考えられるようになってきましたが、福島の事故はその見方を完全に裏付けた結果になります。日本国内でも政府や電力会社によるご都合主義の宣伝とは裏腹に、原子力政策そのものが完全な袋小路に入っていたことはこれまで述べてきた通りです。

日本の原発は「コピー製品」

窮地に陥った世界の原子力産業は、アジア・中東などの新興国に原発を輸出する作戦に打って出ました。日本もベトナムやトルコに対して「官民一体」となった猛烈な原発売り込みを行っていたことはご存知のことと思います。

しかし実は、日本は海外に原発を売り出せるだけの技術力を持っていません。

第二次世界戦争後、敗戦国の日本は核兵器に転用しうる原子力研究を禁止されました。それどころか進駐軍は、戦前・戦中に核製造技術の基礎研究をしていた東大、京大、阪大、理化学研究所などの研究機関をことごとく潰しました。基礎物理学の実験器具まで壊されてしまったほどです。

日本に原子力開発が許されるようになったのは、1952年のサンフランシスコ講和条約発効以後のことです。しかし、その時にはもう完全に手遅れでした。核先進国から何周も遅れた状態で、これから独力で原子力開発に着手してもとうてい間に合いません。

残された手段は、海外から原発や原子力技術を買ってくることでした。日本で原発が動いたのは1966年の東海1号炉が最初ですが、それは日本が造ったのではなくイギリスから買ったものです。世界の主要な原子力発電利用国である米国、フランス、旧ソ連、イギリス、ドイツ、カナダ、日本の中で、独自に原子力技術を開発してこなかった特異な国は日本だけです。

現在の日本で使われている技術は、もともと米国から買ってきたものです。

米国にウェスティング・ハウス（ＷＨ）とジェネラル・エレクトリック（ＧＥ）という原子力企業があります。二社とも自社で技術開発をして原発を造ってきた会社ですが、日本はそこから技術を買いました。ＷＨは「加圧水型原子炉」（ＰＷＲ）を造っている会社で、日本では関西電力がこのタイプの原子炉を採用しています。ＧＥは「沸騰水型原子炉」（ＢＷＲ）で、福島第一をはじめとする東電の原発がこれにあたります。ＷＨの技術を買ったのは三菱で、東芝と日立はＧＥを選びました。

そうやって技術を「コピー」させてもらった三菱は、１９７０年から毎年1基ずつ原発を造ることにしました。生産ラインを設け、そこに技術者や労働者をはり付け、原発をどんどん造って利益を得ようとしたのです。東芝と日立はそれぞれ1年交代で1基ずつ造ることにして、三菱と同じように生産ラインを設け、人員もはり付けました。

そうすると、もうやめられない。巨額の投資をして生産ラインを作り人も育てたわけですから、ずっとそれをやり続けるしかなくなったのです。その結果、20年後の１９９０年頃には加圧水型が20基、沸騰水型が20基、合計40基の原発ができました。

しかし、原発を増やしてはみたものの、米国の技術のコピーにすぎないので、致命的なトラブルが起こると自力で対処できません。福島第一原発の原子炉はＧＥとその技術をコピーした東芝・日立によって造られましたが、日本の原子力業界では事故に十分な対応ができなかったことは見ての通りです。

「原子力後進国ニッポン」が原発を輸出する悲喜劇

原子力産業は右肩上がりの原発需要が続くと期待したのでしょうが、現実はそう甘くありませんでした。日本に原発が40基できてからもう20年が過ぎましたが、それから14基しか増えていません。その前の20年で40基造った三菱、東芝、日立にとっては明らかな誤算です。そこで思いついたのが、中国、インド、東南アジアなどに原発を売りつけて利益を確保することでした。

その際に大きな問題となるのが加圧水型と沸騰水型の違いです。この２つのタイプは日本国内でこそ互角ですが、世界の趨勢は圧倒的に加圧水型です。東芝が買ったＧＥの沸騰水型では海外に売り込みをかけることができません。そこでどうしたかというと、東芝は2006年に加圧水型の元祖で特許を持っているWHを丸ごと買収することにしました。6000億円を超えるお金を使ったと聞いています。

今度はWHと提携していた三菱が困りました。三菱はやむなくヨーロッパの加圧水型原子炉メーカーであるアレバと事業提携契約を結び、生き残りをはかることにしました。

日本の原子力技術は元がコピーですから、独力では海外に売り込みもかけられません。「もんじゅ」や六ヶ所再処理工場でもお粗末な失敗が繰り返されていることはすでに指摘した通りです。日本はれっきとした「原子力後進国」なのです。

それなのに原子力推進派は、1979年のスリーマイルアイランド（TMI）原発事故が起きた時には「米国の運転員は質が低い」「日本とは型が違う」と言い張りました。そして、1986年のチェルノブイリ原発事故の時も「ロシア人は馬鹿だが、日本人は優秀だ」「日本が使っている米国型はロシア型とは違う」「日本の原子力技術は優れているから安全だ」と宣伝してきました。「日本の原発だけは安全」という根拠のない〝神話〟は、いつしか日本人の心深くに住みついていきました。

しかし、「原子力後進国ニッポン」における事実は冷徹に進行します。

１９９９年の茨城県東海村ＪＣＯ臨界事故で日本の技術の底の浅さ、安全対策のずさんさは完全に露呈したはずでしたが、工場を審査して許可を出した原子力安全委員会の責任追及すら行われず、安全委員会は「日本の原発では8～10km範囲を超えて被害が出るような事故は決して起こらない」と言い続けてきました。そして、ついに福島で史上最大級の事故を起こすに至ったのです。

そのような日本の原子力産業に、危険な原発を外国へ輸出する資格があるでしょうか。また、ずさんな安全審査で巨大事故を起こした日本の原子力行政に、それをバックアップする資格があるでしょうか。

原発を止めても困らない

原子力は現代社会にすさまじい重荷となってのしかかっています。この恐怖から解放される方法はただ一つしかありません。「原発を止めること」。ただそれだけです。

このようなことを言うと「代替案は？」という反論が必ず出てきます。ほとんどの日本人は「原発を廃止すれば電力不足になる」と思い込んでいます。そして今後も「必要悪として受け入れざるを得ない」とも考えています。それどころか、原子力利用に反対すると、

「それなら電気をつかうな」と怒られたりします。これらは、根本的な誤解から生じています。

いちばんの代替案は「まず原発を止めること」です。「代替案がなければ止められない」というのは、沈没しかけた船に乗っているのに「代替案がなければ逃げられない」と言っているようなものです。命よりも電気の方が大事なんですね。

原発は、電気が足りようが足りなかろうが、即刻全部止めるべきものです。

そして、全部の原発を止めてみた時、「実は原発がなくても電力は足りていた」ということに気づくでしょう。

原発を止めたとしても、実は私たちは何も困らないのです。

確かに日本の電気の約30％は原子力ですが、発電設備全体の量から見ると、実は18％にすぎません。なぜその原子力が発電量では約30％に上昇しているかというと、原子力発電所の「設備利用率」だけを上げて、火力発電所を休ませているからです。

発電所は止まっている時もあるし、必ずしもフルパワーで動かしていません。それでは、設備のどのぐらいを動かしているのかというのが「設備利用率」です。

2005年の統計によれば、原子力発電所の設備利用率は約70％です。原発は一度動かしたら一年間は止めることができません。それで逆に電力が余ってしまい、消費するために揚水発電所という高コストな設備を造っていることはすでにご紹介しました。

一方、火力発電所は約48％です。つまり半分以上が止まっていたということになります。今回の地震と津波で、原発が止まって電力不足になったような印象がありますが、実は違います。火力発電所が被害を受けたことが大きな理由です。

それでは、原子力発電を全部止めてみたとしましょう。ところが、何も困りません。壊れていた火力発電所が復旧し、その稼働率を7割まで上げたとすれば、十分それで間に合ってしまいます。原子力を止めたとしても、火力発電所の3割をまだ止めておけるほどの余力があるのです。それだけ多くの発電所が日本にはあるのです。

電力消費のピークは真夏の数日間にすぎない

でも私がそう言うと、政府と電力会社は次のように反論します。「電気はためておくことができないから、最も多く使う時に合わせて発電設備を準備しておく必要がある。だからやはり原子力は必要だ」。

ところがこれもウソです。実は、ピーク時ですら電気が足りなくなることはありません。

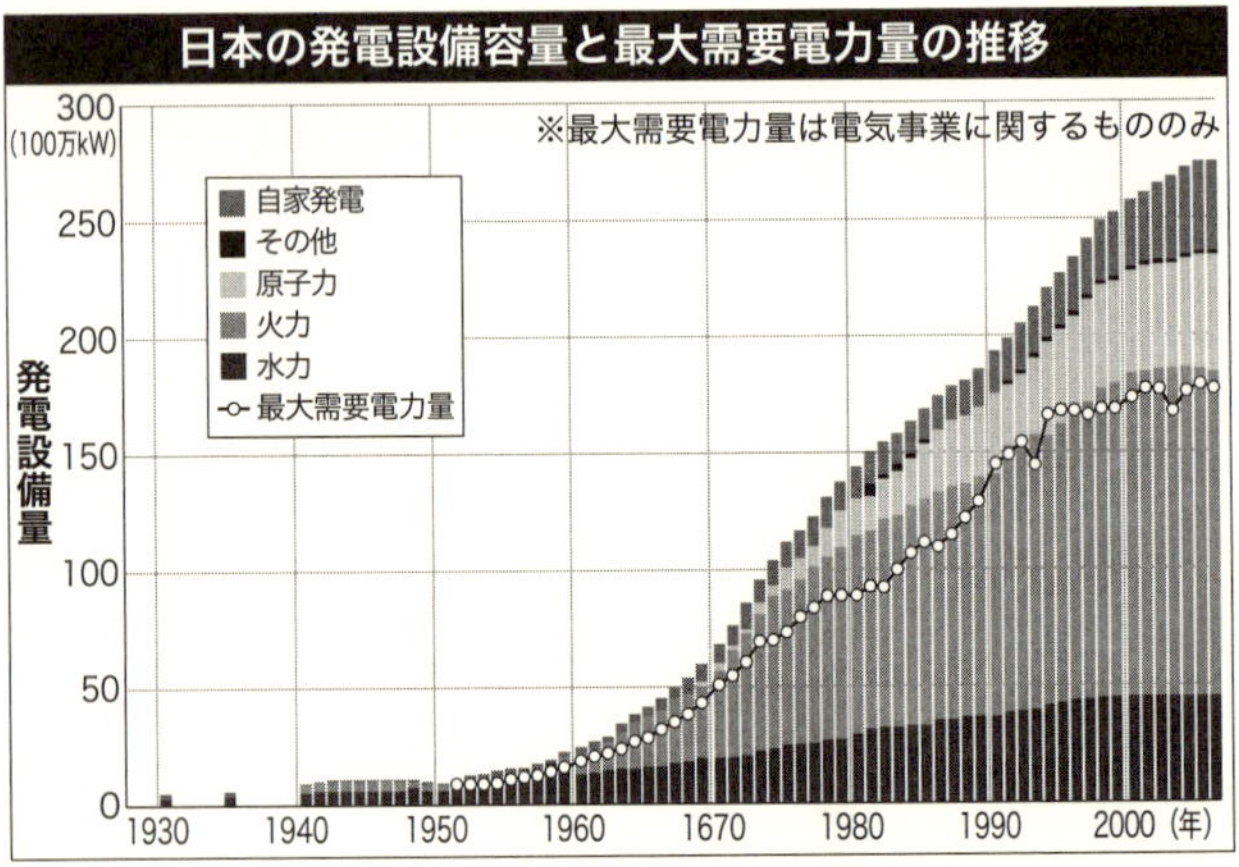

日本の水力発電所、火力発電所、原子力発電所、自家発電を合わせた発電設備の総量は、１００万kWの発電所に換算すると現在２７０基分ほどあります。それでは、ピーク時にいったいどれだけの電気を使っていたのかというと、これまで水力発電と火力発電でまかなえる電力の合計以上になったことはほとんどありません。水力と火力で全部足りていたのです。１９９０年代の一時期、確かにわずかに足りなくなったことはありましたが、企業などの自家発電で吸収できる範囲です。しかも、最も多く電気を使う「ピーク時」とは、真夏の数日間、さらにその午後の数時間にすぎません。その時に電気がどうしても足りないというなら、工場をちょっと休む、クーラーの設定温度を変えるというこ

とだけで十分乗り切れていました。

２０００年代になってからはどうでしょうか。何も困っていません。原発を止めたとしても、ピーク時でさえ実は困らないのです。

それでも将来的には、いつか石油資源は枯渇します。それに備えて、今から太陽光や風力、波力、地熱など代替エネルギーの開発と普及に努めるべきでしょう。日本は、ほんの少し前まで太陽光発電の分野で世界のトップでした。それが、国をあげて原子力にしがみついたばかりに、今や中国やドイツに追い越されてしまいました。原子力にかける労力をもし太陽光発電に注いでいれば、今も世界のトップを走っていたはずだし、太陽光発電もよりコストが安く優れたものになっていたでしょう。

廃炉にしても大量に残る「負の遺産」

では、原子力を今すぐ止めたら全ての問題が解決するのでしょうか。実は、しません。現在の科学では解決できない大きな「負の遺産」が残されることになります。それは、放射能で汚染された大量のゴミ、つまり「核のゴミ」です。

原子力発電はすでに膨大な「核のゴミ」を生み出しています。まず、ウラン鉱山からウランを掘ってくる段階でゴミが生まれます。次にウランの濃縮、加工の過程でもゴミが出ます。さらに原子炉を動かせば、放射性物質を大量に含んだ使用済み核燃料が背負いきれない負債となって出てきます。（115ページ図参照）

現在、あらゆるところに放射能のゴミが捨てられています。ウラン鉱山でも、製錬所でも、濃縮・加工施設でも、原発そのものでも、そして再処理工場でも捨てられています。環境に捨ててしまっているこれら「核のゴミ」を真剣に始末しようとした時、どういう作業が必要になるでしょうか。

一番大きい問題は「廃炉」です。原子力発電所は「機械」ですから、何十年か動けば最後には動かなくなります。原発自体が巨大な「核のゴミ」と化すわけです。これを未来にわたってどう管理すればいいのかという問題が出てきますが、実のところさっぱり分かっていません。「分からない」といっても現実に福島第一原発は廃炉になるわけですから、全世界の叡知を集めてでもなんとかしなくてはならない。ですが、正直どうすればいいのか、誰も明確な答えは持っていません。

そこでまず分かりやすい問題から考えてみます。原子力発電所で毎日大量に生み出されている「低レベル放射性廃棄物」の問題です。これは放射能の汚染度合がそれほど高くないゴミのことで、放射性物質が付着してしまった使用済みペーパータオル、作業着などが例としてあげられるでしょう。1年間原発を動かすとこの「低レベル放射性廃棄物」がドラム缶で約1000本出ます。

1980年の時点でそれらのドラム缶は約25万本。それぞれの原発敷地の中にドラム缶置き場があって、低レベル放射性廃棄物はそこで保管されていました。それでは原発の置き場に何万本分のキャパシティがあったかというと、1980年の段階で30万本程度でした。

その後、ドラム缶はだんだん増えてきます。電力会社はそれに合わせて置き場を増設していきました。しかし、いくら造ったところでゴミは止まることなく出てきます。

そこで気づいたんです。「いずれこれは破綻してしまう」ということに。というわけで、燃やしてしまうことにしました。一度ドラム缶に詰めた放射能のゴミを、ふたを開けて引きずり出してきて、灰にして量を減らすというわけです。

そうやって、すでに何十万本分ものドラム缶を減らしました。ところが、それでもドラム缶はどんどんどんどん容赦なく増えていきます。2005年の段階でとうとう70万本に達するドラム缶ができてしまいました。

「これはもうダメだ」ということで、六ヶ所村に押し付けることにしました。すでに20万本近いドラム缶が六ヶ所村に送られています。

六ヶ所村では、地面に穴を掘ってその中にコンクリートのドラム缶置き場を造りました。その中にドラム缶をどんどん並べて、いっぱいになったら上からコンクリートでふたをして、まわりを粘土で固めて、上から土をかぶせます。そうやってコンクリートの建物をどんどん埋めていくことにしました。

しかし、ご存知のとおりドラム缶は鉄でできています。そこら辺に置いておいたら、1年もたてば錆びてボロボロです。ドラム缶置き場は地下にありますから、ものすごく湿度の高い環境にあるわけで、非常に簡単にドラム缶に穴が開いてしまいます。放っておけば放射能が漏れ出てくるので、脇に「点検路」を作ってずっと監視することになっています。

それでは「いったい何年間監視するつもりか」と聞いてみると、なんと300年だそうです。300年間監視し続けて、漏れてきたらそれを押さえ込んで……という作業をやり続けていけば、やがて放射能は少しずつ減ってくれるから「なんとかなるだろう」というのが、政府の説明です。

100万年の管理が必要な高レベル放射性廃棄物

それでは「高レベル放射性廃棄物」はどうでしょうか。高レベル放射性廃棄物というのは、使用済み核燃料を再処理してウランとプルトニウムを取り出した後の残りかすのことを言います。これらは「超ウラン元素」と呼ばれる核分裂生成物を含む、きわめて強い放射能の塊です。

私たちが原子力発電に手を染めてしまった以上、必ず「死の灰」の後始末という仕事が最後に残ります。今まで多くの研究者がなんとか「死の灰」を無害化できないかと、必死の研究を続けてきました。できなければ大変なことになることを、みんなが分かっていたのです。しかし残念なことに人間はその力をいまだに持っていません。

どうしようもないから、政府は高レベル放射性廃棄物を「ガラス固化体」に固めて地面に埋めてしまうことを考えています。地上に廃棄物の受け入れ施設を造って、300〜1000mの深い縦穴を掘ります。その底にさらに横穴を掘って、そこに埋めてしまうのです。

今、こういう廃棄物埋め捨て地の引き受け先を探しています。調査を受け入れたら20億円支払うという条件をつけたので、赤字に苦しむ各地の小さな自治体が手を挙げかけているところです。しかし、それぞれの地域の住民たちが必死の抵抗をしていて、どこにできるかはまだ決まっていません。でも日本政府は「やるしかない」と言っている。

それでは、その自治体の住民は何年この放射性廃棄物と付き合っていかなくてはならないのかというと、何と100万年だそうです。

「核のゴミ」は誰にも管理できない

日本が原子力発電をはじめてから、まだ45年しか経っていません。原発を動かしてきたのは、東京電力、関西電力などの9つの電力会社が中心です。これらの電力会社は戦後にできました。1951年のことですから、いまだに60年の歴史しか持っていないのです。日本の家庭で電気が使えるようになってから、125年。それなのに低レベル放射性廃棄物は「300年間お守りをする」などという約束をしている。

でも、300年先の世界なんて、想像できますか?

今から300年前は、忠臣蔵の討ち入りの時代です。その時代に生きていた人たちは、今日、私たちがこんな生活をしているなんて決して想像できなかった。今の私たちだって「300年後の日本人がどんな生活をしているか」なんて想像できません。

３００年後には電力会社はなくなっているかもしれません。民主党や自民党もないでしょう。たった60年の歴史しか持っていない会社が原子力を推進して「死の灰」を生み出し、それを３００年間管理するなんてことが、本当に約束できるのでしょうか。当然、電力会社は「一企業の時間の長さからすれば３００年は長すぎるから、国が責任を持ってくれ」と言っています。そりゃあ、そうだろうと思います。電力会社が責任を取れる道理がない。そこで政府は「よし、じゃあ放射能のゴミは国で責任を持ってやろう」と言っているわけです。

ただし、政府にもその責任は取れないでしょう。日本という国は、明治維新が起きてからようやく近代国家になったといいます。それより前は「士農工商」の世界で、侍は刀を持ってちょんまげを結っていました。それからまだ１４３年しか経っていません。米国の歴史はわずかに２３５年です。日本や米国という国すら存続しているかどうか分からない未来まで、放射能のゴミをどうやって責任をもって管理していくというのでしょうか。ましてや、高レベル放射性廃棄物を管理する１００万年という時間は、何をどう考えていいのか分からないほどです。

このような途方もない作業にかかるエネルギーは、原子力発電で得たエネルギーをはるかに上回ってしまうでしょう。二酸化炭素の放出も膨大になるでしょう。なにより、見知らぬ子孫たちが100万年間汚染の危険を背負いながら、また莫大なコストを支払い続けながら、「核のゴミ」を監視しなくてはならないのです。

はるか未来の子孫に全ての負債を押し付けることで原子力発電が成り立っているということだけは、忘れないでいただきたいと思います。

何よりも必要なのはエネルギー消費を抑えること

私たち人類がエネルギーをたくさん使うようになったのは、18世紀末から19世紀はじめにかけて「産業革命」が起きてからのことです。中でもジェームス・ワットが蒸気機関の改良に成功したことは、人間の生活を劇的に変えました。それまで動力源として使っていた家畜も奴隷ももういらない。「湯気」さえ起こせば機械が動くということで、莫大なエネルギーを使いながら生きていくようになったのです。やがてその中に電気も不可欠なものとして加わっていきます。

産業革命が起きたのは今から200年前です。地球の歴史46億年を1年に縮めると、産業革命が起きたのは大みそか12月31日の11時59分59秒です。地球という星から見れば刹那的ともいえるくらいのわずかな時間の中で、私たち人間は急激に今のような〝便利な〟生活をするようになりました。

産業革命以後の200年間で私たちが使ったエネルギーはどのぐらいの量でしょうか。人類という生き物が地球上に誕生したのは、400万年前と言われています。その400万年で人間が使ったエネルギーの総量のうち、産業革命以降の200年間で消費された分は全体の6割を超えます。

そして私たちは「便利な生活を維持したい」という一念に駆られて、原子力発電という人間の能力では処理しきれない技術を進めるようになりました。福島の事故は、それがいかに恐ろしいことなのかを見せつけてくれています。

今後、私たちは日常的に無意識に使っているエネルギーが本当に必要かどうかを真剣に考え、エネルギーを浪費する生活を改めざるをえなくなるでしょう。

いったい、私たちはどれほどのものに囲まれて生きれば幸せといえるのでしょうか。人工衛星から夜の地球を見てみると、日本は不夜城のごとく煌々《こうこう》と夜の闇に浮かび上がります。建物に入ろうとすれば自動ドアが開き、人々は階段ではなくエスカレーターやエレベーターに群がります。冷房をきかせて、夏だというのに長袖のスーツで働きます。そして、電気をふんだんに投入して作られる野菜や果物が、季節感のなくなった食卓を彩ります。

日本を含め「先進国」と自称している国々の人間が、生きることに関係のないエネルギーを膨大に消費する一方で、生きるために必要最低限のエネルギーすら使えない人々も存在しています。

残念ではありますが、人間とは愚かにも欲深い生き物のようです。豊かさや便利さを追い求めながら、地球温暖化、大気・海洋汚染、森林破壊、酸性雨、砂漠化、産業・生活廃棄物、環境ホルモン、放射能汚染、さらには貧困、戦争など、多くの〝人災〟を引き起こして地球の生命環境を破壊しています。種としての人類が生き延びることに価値があるかどうかは、私には分かりません。

しかし、もし安全な地球環境を子どもや孫に引き渡したいのであれば、その道はただ一つ。「知足」しかありません。代替エネルギーを開発することも大事ですが、まずはエネルギー消費の抑制にこそ目を向けなければなりません。

一度手に入れてしまった贅沢な生活を棄てるには、苦痛が伴う場合もあるでしょう。これまで当然とされてきた浪費社会の価値観を変えるには長い時間がかかります。しかし、世界全体が持続的に平和に暮らす道がそれしかないとすれば、私たちが人類としての新たな叡智を手に入れる以外にありません。

原発の危険性を訴え、全国各地で講演を続けている著者。2011年3月20日、山口県柳井市にて

取材・編集協力／尾原宏之　北村尚紀　國弘秀人　優子☆
写真／共同通信社　時事通信社　東条雅之
図版作成／futomoji

※本書の売り上げの一部は「福島原発暴発阻止行動プロジェクト」（http://bouhatsusoshi.jp/）の活動支援金として寄付されます。

小出裕章（こいで　ひろあき）

1949年東京生まれ。京都大学原子炉実験所助教。原子力の平和利用を志し、1968年に東北大学工学部原子核工学科に入学。原子力を学ぶことでその危険性に気づき、伊方原発裁判、人形峠のウラン残土問題、JCO臨界事故などで、放射線被害を受ける住民の側に立って活動。原子力の専門家としての立場から、その危険性を訴え続けている。専門は放射線計測、原子力安全。著書に『隠される原子力・核の真実—原子力の専門家が原発に反対するわけ』（創史社）『放射能汚染の現実を超えて』（河出書房新社）など。

扶桑社新書　094

原発のウソ

2011年6月1日 初版第一刷発行
2011年7月5日　　第六刷発行

著　　者……小出裕章
発 行 者……久保田榮一
発 行 所……株式会社　扶桑社
〒105-8070　東京都港区海岸1-15-1
電話　03-5403-8875（編集）
03-5403-8859（販売）
http://www.fusosha.co.jp/

DTP制作……株式会社 Office SASAI
印刷・製本……株式会社 廣済堂

ISBN 978-4-594-06420-4